NATIONAL GEOGRAPHIC

美国国家地理

肉食恐龙战斗力排行榜

刘大灰

著

天地出版社 | TIANDI PRESS

图书在版编目(CIP)数据

肉食恐龙战斗力排行榜 / 刘大灰著. -- 成都 : 天
地出版社, 2024.1
（美国国家地理）
ISBN 978-7-5455-8002-0

Ⅰ.①肉… Ⅱ.①刘… Ⅲ.①恐龙—青少年读物
Ⅳ.①Q915.864-49

中国国家版本馆CIP数据核字(2023)第205407号

MEIGUO GUOJIA DILI   ROUSHI KONGLONG ZHANDOULI PAIHANGBANG

美国国家地理 肉食恐龙战斗力排行榜

出品人	陈小雨　杨 政	责任编辑	何熙楠
作 者	刘大灰	责任校对	张月静
审 订	邢立达	美术设计	曾小璐　岳菲菲
监 制	陈 德	营销编辑	李 昂
策划编辑	凌朝阳	责任印制	刘 元

出版发行	天地出版社
	（成都市锦江区三色路238号　邮政编码:610023）
	（北京市方庄芳群园3区3号　邮政编码:100078）
网 址	http://www.tiandiph.com
电子邮箱	tianditg@163.com
经 销	新华文轩出版传媒股份有限公司

印 刷	北京雅图新世纪印刷科技有限公司
版 次	2024年1月第1版
印 次	2024年1月第1次印刷
开 本	889mm×1194mm 1/16
印 张	7.5
字 数	110千字
定 价	78.00元
书 号	ISBN 978-7-5455-8002-0

版权所有◆违者必究
咨询电话：（028）86361282（总编室）
购书热线：（010）67693207（营销中心）

如有印装错误，请与本社联系调换。

让我们披着游戏的外衣

　　首先必须声明，这是一套科普书。它介绍了很多关于恐龙的有趣知识，比如：霸王龙跑得真有电影里那么快吗、恐龙是冷血动物还是恒温动物、恐龙到底是不是鸟类的祖先、恐龙如何呼吸、巨龙如何下蛋、巨龙脖子那么长有什么用，以及化石战争、大陆漂移、生物大灭绝等知识。它同时也是一套关于游戏的好玩儿的书，因为将恐龙的战斗力和防御力做一个排行榜，这一点本身就很好玩儿、很游戏化。

　　不同的恐龙生活在不同时期、不同大陆，就像关公无法战秦琼、岳飞无缘打张飞一样，大多数恐龙没机会碰面；即使身处同一时期、同一大陆，有过碰面甚至交手的机会，但由于它们早已消失在岁月的长河中，我们无法得知当时的场面与结局，除非你偶然得到一部时光机，可以穿梭到亿万年前，躲在草丛中瑟瑟旁观。

　　我们对于恐龙的了解，只能依据化石进行推测；所有恐龙的体重、身长、站高、咬合力、速度等数据，乃至生活习性等都只是推测，甚至不同年代、不同学者对同一具化石的推测都不一致。本排行榜又是建立在这些推测之上的，简称推测之推测，我们只能选取其中认可度比较高的数据进行综合比较，制作出这个排行榜，排名顺序当然不可能十分准确，纯粹为了好玩儿，大家不必太当真。

　　本套书分两册，分别介绍了 54 种肉食恐龙和 54 种植食恐龙，从最凶的到最萌的，从最大的到最小的，从最早的到最晚的，从最能跑的到最能咬的，从会游泳的到会滑翔的，从吃巨龙的到吃小虫的，从有甲的到有角的，基本概括了目前所发现的主要肉食恐龙和植食恐龙种类。当然，由于数量限制，也会有一些遗漏，比如可能是杂食的著名的窃蛋龙、泥潭龙、镰刀龙和恐手龙等就没有收录进来。

目录

恐龙档案

中文名：暴龙（又称霸王龙，以下统称为霸王龙）

拉丁名：*Tyrannosaurus*

分类：蜥臀目、兽脚亚目、暴龙科、暴龙属

模式种：君王暴龙

时期：白垩纪晚期

地区：北美洲

身长：13 米

体重：8.87 吨

战斗力：100 分

01 霸王龙

如果设一个擂台，让肉食恐龙两两对决，至死方休，那么最后活下来的大概率是这个星球上最著名的恐龙——霸王龙。

理由似乎是显而易见的：在目前已知的肉食恐龙中，霸王龙体形最大、最高，咬合力最大。它足足有两层楼那么高，一颗巨大的头，一张血盆大口，两排锋利坚硬、还可以无限替换的牙齿。科学家估算它的咬合力是大白鲨的2倍、狮子的6倍，有化石标本显示它能咬穿植食恐龙的骨头。

但这样一个令人望而生畏的恐怖巨物，却被有的古生物学家认为是一种食腐动物，理由是：它的前肢过于短小，无法用于捕猎；嗅觉非常发达，显然是有助于辨认尸体的方位；移动速度非常缓慢，无法追杀快速移动的猎物。

他们还怀疑霸王龙存在同类相食的现象，因为在有的霸王龙化石上发现了其他霸王龙的牙印，有的牙印甚至是在脚掌上。他们推测霸王龙内部可能存在你死我活的打斗现象，获胜的一方可能会吃掉死者的尸体，因为脚掌上的牙印不可能在打斗的时候产生。

大多数古生物学家不认可霸王龙是一种单纯的食腐动物。他们认为霸王龙的上肢虽然短小，但很强壮，单手能举起200多千克的重物，可以用来固定猎物，方便用嘴撕咬。霸王龙的视觉非常发达，而食腐动物并不需要这么好的视觉。另外，在埃德蒙顿龙和三角龙的骨骼化石上都发现了被霸王龙咬伤但已经愈合的伤口，这说明它们曾经被霸王龙攻击过但却虎口逃生了。虽然由此可以看出霸王龙打猎不见得手到擒来，但至少有猎食行为发生。

霸王龙的移动速度也是争论的焦点。在电影中，霸王龙甚至可以追上汽车。也有古生物学家推算它的速度高达70千米/时，几乎跟猎豹相当。但科学家最新的研究表明，霸王龙的极限速度大概是19.3千米/时（换算成百米速度大约是18.6秒，小学高年级的小朋友只要平时爱运动，速度基本上都比这个快），如果超过这个速度，由于体重太大，它的腿骨可能会发生骨折。但它这个速度依然比角龙类恐龙的速度快。

因此，目前的主流意见是，霸王龙可能既是掠食动物，又是食腐动物。它可能还会抢夺其他肉食恐龙的猎物，因为，那些肉食恐龙根本不是霸王龙的对手，更不可能叼着猎物的尸体逃走。

或许这才是霸王龙真正可怕之处：为了吃口肉，它可以完全没有底线。

恐龙档案

中文名：南方巨兽龙

拉丁名：*Giganotosaurus*

分类：蜥臀目、兽脚亚目、鲨齿龙科、南方巨兽龙属

模式种：卡罗利尼南方巨兽龙

时期：白垩纪晚期

地区：阿根廷

身长：13 米

体重：8.5 吨

战斗力：98 分

02 南方巨兽龙

　　霸王龙自从被这个世界认识，就一直是体形最大的肉食恐龙。这个"之最"都当了 100 多年，人们早就习以为常了。

　　因此，每当有新的巨型肉食恐龙化石被发现，人们就会精神一振：比霸王龙还厉害的恐龙终于现身了！从棘龙到鲨齿龙再到蛮龙，都曾经被认为是比霸王龙更强大的肉食恐龙。

　　虽然后来被证明都不是，但人们并没有终止这份期待。

　　后来，南方巨兽龙出现了。

　　南方巨兽龙的化石是由业余化石猎人鲁本·卡罗利尼发现的，完整度约为 70%。此前人们发现的一个更大的下颌骨化石也被归于南方巨兽龙，根据这个下颌骨化石可以估算出南方巨兽龙的头骨长达 1.82 米，是目前发现的兽脚类恐龙中头骨最大的。这给人们带来了很大的想象空间。当时很多人推测南方巨兽龙比霸王龙体形更为巨大。一时之间，南方巨兽龙俨然成了恐龙世界的新霸主。

　　在电子游戏《恐龙危机 2》中，南方巨兽龙轻松虐杀霸王龙。在 2022 年上映的电影《侏罗纪世界 3》中，南方巨兽龙被塑造成最大的肉食恐龙，单打独斗，霸王龙根本不是它的对手。

　　那么，南方巨兽龙与霸王龙究竟谁才是真正的王者呢？

　　据古生物学家估算，南方巨兽龙最大体重约为 8.5 吨，体形略小于最大的霸王龙，身高比霸王龙略矮，身体也不如霸王龙粗壮。其咬合力在肉食恐龙里名列前茅，但同样不及霸王龙。它的脑容量按比例要比霸王龙的小很多，这说明它可能不如霸王龙聪明。

　　南方巨兽龙占优势的地方是它的股骨比霸王龙的更粗壮；它的前肢虽然也很短，但有 3 指，指上有利爪，说明它的前肢可能比霸王龙的更有用。

　　综合而言，南方巨兽龙虽然在电影和电子游戏里都很能打，但在现实世界里，恐怕还是难以撼动霸王龙的霸主地位。

恐龙档案

中文名：鲨齿龙

拉丁名：*Carcharodontosaurus*

分类：蜥臀目、兽脚亚目、鲨齿龙科、鲨齿龙属

模式种：撒哈拉鲨齿龙

时期：白垩纪晚期

地区：非洲

身长：12.5 米

体重：6.2 吨

战斗力：93 分

03 鲨齿龙

鲨齿龙有着牛排刀一样的锋利牙齿，牙齿边沿呈锯齿状，跟鲨鱼类似，因此而得名。它有一颗巨大的头，颈部强劲有力，科学家估算它能用嘴叼起重达424千克的猎物。

鲨齿龙最初的化石标本是德国著名古生物学家恩斯特·斯特莫于1914年在非洲埃及发现的。

在非洲的那一系列探险活动中，他还发现了棘龙和巴哈利亚龙的化石。对于恐龙研究来说，这是非常重要的发现，但这几件著名的恐龙标本在"二战"中都毁于空袭，那是1944年发生的。

因此在相当长的时间里，鲨齿龙和棘龙这样著名的巨型恐龙就成了一个传说。

直到半个世纪之后的1995年，美国芝加哥大学的古生物学教授保罗·塞里诺率领的团队在北非发现了一具完整的鲨齿龙头骨化石，这具头骨的特征和斯特莫留下的关于鲨齿龙的描述非常接近。两年后，保罗·塞里诺又在非洲的尼日尔发现了另外一具鲨齿龙的化石。

保罗·塞里诺决定从自己的学生中挑选一位优秀者和他一起对这两具化石进行研究。当时20岁的斯蒂芬·布鲁萨特得到了这个机会。他和导师一起将在北非发现的头骨化石确定为模式种撒哈拉鲨齿龙的新标本，以取代在"二战"中被毁灭的老标本；并将在尼日尔发现的第二具化石命名为伊吉迪鲨齿龙。

在布鲁萨特9岁那年，电影《侏罗纪公园》上映，他最小的弟弟成为狂热的恐龙迷。弟弟在房间里贴满了恐龙海报，摆满了恐龙玩具，拉着9岁的哥哥陪他一遍又一遍重温《侏罗纪公园》的录像带。5年之后，14岁的布鲁萨特终于在弟弟的影响下也成为一名恐龙迷，也把自己的房间布置成了恐龙世界，并决心将研究恐龙作为自己未来的职业。

后来，他进入芝加哥大学，成为美国最著名的古生物学家之一的保罗·塞里诺教授的学生，最后，他自己也成了著名的古生物学家。更重要的是，他还梦幻般地担任了侏罗纪系列电影终结篇《侏罗纪世界3》的古生物学顾问。

恐龙档案

中文名：高棘龙

拉丁名：*Acrocanthosaurus*

分类：蜥臀目、兽脚亚目、鲨齿龙科、高棘龙属

模式种：阿托卡高棘龙

时期：白垩纪早期

地区：北美洲

身长：11.5 米

体重：6 吨

战斗力：92 分

04 高棘龙

高棘龙是一种令人感到迷惑的恐龙，它有很多种恐龙的特征。最初它被归于异特龙科，因为它有着跟异特龙类似的身体架构；然后它又被划入巨齿龙科，因为它那巨大而弯曲的锯齿状牙齿；它还在棘龙科待了20多年，因为它背上有类似棘龙那样的神经棘，只是较棘龙要低矮。

因为它的头骨以及脊椎骨构造与南方巨兽龙、鲨齿龙等更为接近，更多的古生物学家将它划入鲨齿龙科。

高棘龙是一种不擅长奔跑的大型二足恐龙。它的前肢化石非常完整，手上有3指，每个手指上都有弯曲的利爪，拇指上的利爪最大。由于前肢很短，不能用于直接捕猎，因此高棘龙可能像霸王龙那样，主要用嘴来进行猎杀，而前肢会将利爪刺入猎物身体，从而固定猎物或将猎物拉过来。

高棘龙的捕食对象可能是大型蜥脚类或鸟脚类恐龙，如帕拉克西龙、腱龙，甚至是波塞东龙中的"老弱病残"。人们曾经在蜥脚类恐龙的化石上发现过高棘龙的齿痕。

美国得克萨斯州中部的巴拉斯河附近有一组著名的恐龙足迹，足迹显示，至少有12只蜥脚类巨龙朝着同一方向移动；在它们走过之后，数只大型肉食恐龙也经过这里。它们的足迹都被保留下来。

这些足迹究竟属于哪种恐龙已经无法确定，但根据足迹形成的年代分析，当时该地区唯一的大型肉食恐龙只有高棘龙。因此可以猜测，当时的情景很可能是几只高棘龙正尾随在一群蜥脚类巨龙身后，准备对其中命运最为不济的一只发起攻击。

恐龙档案

中文名：特暴龙
拉丁名：*Tarbosaurus*
分类：蜥臀目、兽脚亚目、暴龙科、特暴龙属
模式种：勇士特暴龙
时期：白垩纪晚期
地区：蒙古国、中国
身长：12 米
体重：5 吨
战斗力：90 分

05 特暴龙

人们在蒙古国曾经发现过一种厉害角色——特暴龙——的化石。目前的发现表明，特暴龙除了手更短、体形略小，其他特征和霸王龙都非常相似：身体粗壮，牙齿结实，嗅觉和听觉非常发达。它的头骨甚至要比霸王龙更加坚硬。

根据目前的化石推算，特暴龙的体形在暴龙科排在第二位，仅次于霸王龙，是目前亚洲最大的肉食恐龙。

特暴龙的化石分布非常广泛，除了蒙古国，在中国很多地区都发现过特暴龙化石。但在中国境内发现的特暴龙化石都比较零碎，比较完整的化石都是在蒙古国被发掘出来的。甚至有一具出土于蒙古国的近乎完整的特暴龙化石被走私到美国，以105万美元的价格被拍卖。

但随后，化石的出售者遭到起诉，最终以走私罪名被判3个月监禁，特暴龙化石则被送还蒙古国。蒙古国还为这具化石策划了一次特别展出。

为什么在中国境内只挖到了零碎的特暴龙化石呢?

这里仅仅做一种推测。

在中药里，有一味药材叫"龙骨"，据说可以治健忘、拉肚子、出虚汗和尿床等，还可以止血。而这龙骨其实就是恐龙或其他大型动物的骨头化石。

以前专门有人收购龙骨，有人收就有人卖。在某地曾经发现过蜥脚类恐龙黄河巨龙的遗骸，发掘出来的时候完整度只有40%，其余60%在先前的若干年里都被当作药材挖出来卖掉了，价格大约是7毛钱一斤，60吨重的巨龙化石卖掉六成，也只卖了不到5万元钱。

龙骨至少在唐朝就已经作为药材使用了，距今已有1400多年的历史。我们可以想见，在如此漫长的时间里，有多少恐龙化石被不明真相的人拿去治病，而我们又因此永远错失了多少认识这些史前怪兽的机会。

恐龙档案

中文名：诸城暴龙

拉丁名：*Zhuchengtyrannus*

分类：蜥臀目、兽脚亚目、暴龙科、诸城暴龙属

模式种：巨型诸城暴龙

时期：白垩纪晚期

地区：中国

身长：12 米

体重：5 吨

战斗力：89 分

06 诸城暴龙

有一位名叫臧克家的诗人写过一首诗，题目叫《有的人》，其中有一句："有的人 / 把名字刻入石头 / 想'不朽'……"。

我们知道，在石头上刻个名字就想不朽，那叫脑子短路。而那些在名胜古迹的墙壁上、石头上刻下自己名字的人，我们不知道他是否不朽，但我们知道他素质不行。

那么，如果把自己变成石头、成为化石，是不是就可以不朽呢？

在诗人臧克家的故乡，山东诸城，就有这样不朽的化石被发掘出来：这里发现了世界上规模最大的恐龙化石群，有鸭嘴龙、角龙、肿头龙、驰龙等。

化石种类众多，数量庞大，而且非常密集，令人感到十分惊奇。为什么在这样一块地方，可以聚集这么多的恐龙？难道是它们在别的地方遇到了劫难，纷纷逃到此处却发现再也无处可逃？而又是什么原因，使它们一同走到了生命的终点？它们在临死前的那一刻是否一同见证了恐龙世界的末日？或者，它们并非同时来到，而是在漫长的岁月里先后抵达，陆续成为化石？还是死于一场洪水，从不同的地方被冲到此处沉积下来，最终成为化石？如果有机会去山东诸城，你可以去那里的白垩纪恐龙地质公园看看，看是否可以找到这些问题的答案。

诸城暴龙的化石就是在此处发现的。目前只发现了其右上颌骨和左齿骨，另外还有 4 颗牙齿。关于诸城暴龙特征的描述大多参照了霸王龙和特暴龙，后二者都被发现了众多化石，都有若干具近乎完整的骨骼，研究比较充分。要想了解诸城暴龙更多的特征，有待于更多更完整化石被发现。

鉴于以上信息，关于诸城暴龙的体重、身长等数据的估算自然也就存在不够准确的情况。一般认为，诸城暴龙的体形小于霸王龙和特暴龙，是暴龙科的第三大恐龙。

恐龙档案

中文名：马普龙

拉丁名：*Mapusaurus*

分类：蜥臀目、兽脚亚目、鲨齿龙科、马普龙属

模式种：玫瑰马普龙

时期：白垩纪晚期

地区：阿根廷

身长：11.5 米

体重：5 吨

战斗力：88 分

07 马普龙

1997—2001 年，由阿根廷和加拿大古生物学家组成的团队在阿根廷发现了一个大型肉食恐龙的尸骨层，里面至少包含了 7 个处于不同生长阶段的个体。古生物学家鲁道夫·科里亚和菲利普·柯里将这种恐龙命名为马普龙。

菲利普·柯里向来不相信恐龙是孤独的，这一发现使他更倾向于相信马普龙是以家族的方式过群居生活，也会以群体作战的方式捕猎。

马普龙是在南方巨兽龙消失之后出现在阿根廷大地上的，二者有许多相似之处。有理由相信南方巨兽龙可能也会以群体作战的方式捕猎。

我们不要因为马普龙是靠打群架的方式闯江湖就瞧不起人家。狮子也是靠打群架制霸草原，但这丝毫不能否认狮子个体作战时的凶猛，以及被称为"草原之王"的实力。

不过，也有很多古生物学家对此表示怀疑，他们认为不能排除捕食者陷阱或者尸体被洪水冲到同一地点的可能性，甚至不能排除它们因争夺食物而自相残杀的可能性。

马普龙活着的时候是阿根廷的顶级掠食者，它的拉丁名意为"大地蜥蜴"，可以翻译为"地龙"（意译）。地龙在中药上是一味药材，其实就是蚯蚓。我们知道，当代恐龙鸟类尤其是乌鸫鸟最喜欢吃蚯蚓——也就是地龙……

可见有时候音译（马普龙）比意译更妥当。

马普龙的模式种是玫瑰马普龙。玫瑰这个名字听起来过于温柔，与肉食恐龙这种凶残动物的身份似乎有点不太协调。这是因为玫瑰马普龙出土化石的岩层是玫瑰色的，另外还一语双关，致敬了考察活动的赞助者罗斯·莱顿（罗斯的英文 Rose，有"玫瑰"之意）。

08 棘龙

不过，单纯根据资料进行的无实物研究导致不同古生物学家对于棘龙的认知相差极大。比如对棘龙体形的估算最大的达到了惊人的 23 吨，远远超出其他所有肉食恐龙。或许正是基于这种估算，在电影《侏罗纪公园 3》中，棘龙被塑造成一种比霸王龙更大更强壮的肉食恐龙，在和霸王龙的对决中，棘龙杀死了对手。

20 世纪 90 年代以后，不断有不完整的棘龙化石被发现。根据对这些化石的综合研究，棘龙的形象终于渐渐清晰起来。

根据新近的研究，棘龙虽然已经不再是体重最大的肉食恐龙，但依然是体形最长的肉食恐龙。它的身材和头部都

第一具棘龙化石标本是德国古生物学家恩斯特·斯特莫于 1912 年在埃及巴哈利亚绿洲发现的，后来它在"二战"中被炸毁。幸而斯特莫留下了详细的描述和素描图，长期以来人们对于棘龙的认识就是来自这些资料。

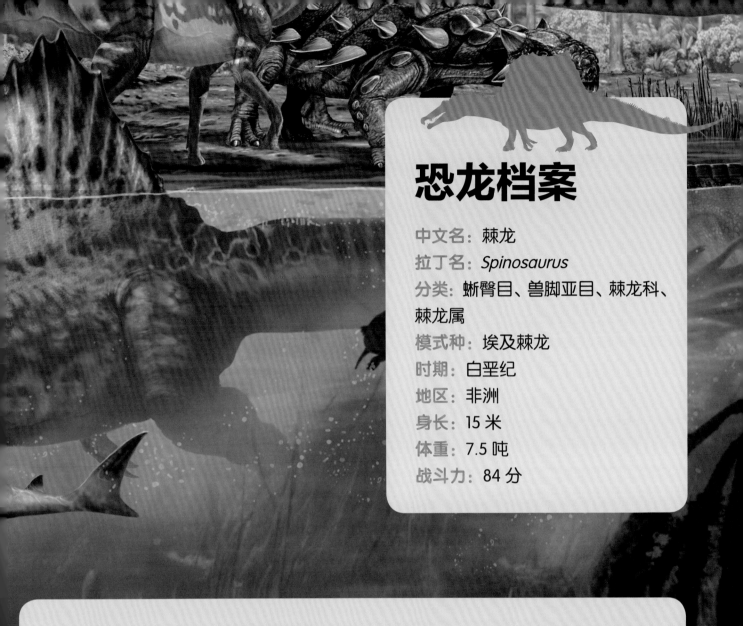

恐龙档案

中文名：棘龙

拉丁名：*Spinosaurus*

分类：蜥臀目、兽脚亚目、棘龙科、棘龙属

模式种：埃及棘龙

时期：白垩纪

地区：非洲

身长：15 米

体重：7.5 吨

战斗力：84 分

相当修长，有一张长而窄的嘴，鼻孔位置比较靠后，嘴鼻部跟鳄鱼很相似。古生物学家分析这种构造可以更好地适应水中生活，这意味着棘龙至少是一种半水生动物，以鱼为食。

科学界并没有棘龙食性的直接证据，目前所有关于棘龙捕食对象的说法都来自它的近亲。比如人们在重爪龙的体内发现了鱼鳞和幼年禽龙的骨头，在一个翼龙的化石上发现了棘龙类的牙齿，说明棘龙很可能也以鱼为食，并捕食中小型植食恐龙，也可能会猎杀翼龙。

棘龙在水中讨生活，正说明它在陆地上的优势并不绝对。当时陆地上的顶级掠食者是强大的鲨齿龙。此外，索伦龙、巴哈利亚龙、三角洲奔龙也都是强大的竞争对手。

棘龙最大的特点是背上有帆状物，由最高达 2.2 米的与脊椎骨相连的神经棘组成。这个帆状物具体有什么用途，还不是很清楚，据猜测其功能包括调节体温、吸引异性关注、吓唬对手、储存能量等。也有人认为棘龙游泳的时候，帆状物可以起到分水的作用，乘风破浪，提高泳速。最异想天开的一个猜测是，当棘龙在水中的时候，它可以用背棘挡住阳光，在水中制造阴影，让鱼儿都聚集在阴影中，方便猎杀。

09 奥沙拉龙

话说天下大陆,分久必合,合久必分。

在 18 亿年前,由于造山运动,地球上形成了一个哥伦比亚大陆,当时地球上所有的大陆都包含在其中。大约 16 亿年前,哥伦比亚大陆开始分裂成若干个陆块。

这些分裂的陆块于 11.5 亿年前又聚合在一起,形成了罗迪尼亚大陆。7 亿年前,罗迪尼亚大陆也开始分裂。

然后在 2.5 亿年前即三叠纪时期,分裂的大陆再度合并,形成了盘古大陆。

从侏罗纪中期开始,盘古大陆再次开始分裂,并且陆块产生了漂移,亿万年之后,它们漂到了现在的位置。

而据推测,大约 2.5 亿年后,现在的七大洲又将合并,形成终极盘古大陆。只是不知到时候人类是否仍然存在。

这就是大陆漂移学说。这个学说原本只是一种假设,但得到了越来越多证据的支持。最重要的科学支持是古地磁

恐龙档案

中文名：奥沙拉龙

拉丁名：*Oxalaia*

分类：蜥臀目、兽脚亚目、棘龙科、奥沙拉龙属

模式种：哥伦波奥沙拉龙

时期：白垩纪晚期

地区：巴西

身长：14 米

体重：6 吨

战斗力：81 分

学，即通过测量岩石中磁性的残留，可以大致测量岩石形成时的纬度和当时地极的位置。

另外一个重要的证据就是化石。

比如，在南美洲的巴西发现了一个大型肉食恐龙的上颌骨化石，这种恐龙被命名为奥沙拉龙。古生物学家发现，奥沙拉龙和非洲埃及的棘龙是最近亲，甚至有的古生物学家认为奥沙拉龙是非洲棘龙的同物异名种。为什么隔着茫茫大洋的两种恐龙有如此之近的亲缘关系？这证明南美洲和非洲曾经连在一起，它们拥有共同的祖先，后来在板块漂移的时候失散了，然后在不同的地区各自

演化。这种现象在恐龙界非常普遍，比如中国的山东龙和加拿大的埃德蒙顿龙、亚洲印度的胜王龙和非洲马达加斯加的玛君龙等。

奥沙拉龙是根据西非约鲁巴人的神祇奥沙拉命名的。在巴西东北部有很多约鲁巴人的后代，在他们庞大而美妙的神话体系中有数百种大大小小的神和精灵，而奥沙拉是其中的造物之神。

但造物之神面对灾难有时候也无能为力。2018 年，有 200 年历史的巴西国家博物馆发生严重火灾倒塌，2000 万件藏品中的绝大多数遭到损毁，奥沙拉龙化石也在其中。

恐龙档案

中文名：蛮龙

拉丁名：*Torvosaurus*

分类：蜥臀目、兽脚亚目、巨齿龙科、
蛮龙属

模式种：谭氏蛮龙

时期：侏罗纪中晚期

地区：北美洲、欧洲、非洲、南美洲

身长：10 米

体重：4.5 吨

战斗力：80 分

体重：4.5 吨

战斗力：80 分

10 蛮龙

大型肉食恐龙如何繁殖后代，答案似乎不如植食恐龙那么明确。它们会孵蛋吗？幼龙宝宝出生后，会得到妈妈的照顾吗？

2005 年，荷兰业余化石猎人阿尔特·瓦伦在葡萄牙西部发现了一堆恐龙蛋碎片和胚胎化石。古生物学家认为它们属于蛮龙，这是第一次发现大型兽脚类恐龙的胚胎。经过研究发现，蛋的表面有大量细小的孔，这有助于蛋内生命物质进行呼吸；这些蛋是被掩埋在巢穴中进行孵化的，推测蛮龙可能下完蛋掩埋之后便离开了，任由这些蛋自行孵化，犹如海龟一般。幼龙宝宝破壳之后可能就具备独立生存能力。

大型肉食恐龙不仅很少发现胚胎化石，也很少发现幼体化石，其化石大多数都是成年或青年个体。可能是因为幼体存活率比较高，直到成年之后死亡率才骤然增加；或者由于幼体不跟成年恐龙一起生活，即使成为化石，也容易被误认为其他物种；或者由于太小而被挖掘者忽略。

蛮龙是生存于侏罗纪的大型肉食恐龙，最古老的蛮龙化石是在侏罗纪中期的地层中被发现的。侏罗纪中期正是盘古大陆开始分裂成现今几个大洲的时候，这就能解释为什么蛮龙的化石被广泛发现于美洲、非洲和欧洲。

蛮龙身体非常健壮，上肢粗壮，有3 个手指，上面有坚硬巨大的利爪。嘴里长着很长很大的牙齿。

人们在美国科罗拉多州的一个采石场曾经发现过异特龙和迈摩尔甲龙（Mymoorapelta）的化石，它们身上都有咬痕，研究显示这些牙印来自体形大于异特龙和迈摩尔甲龙的大型肉食恐龙：食蜥王龙或者蛮龙。进一步的研究显示，迈摩尔甲龙可能是在活着的时候被猎食；而异特龙则可能是在死后尸体被吃掉，在蛮龙（或食蜥王龙）与异特龙之间，或许并没有发生直接的战斗。

11 米拉西斯龙

恐龙的命名有许多根据。有的是根据化石的发现地点，如艾伯塔龙、埃德蒙顿龙、犹他盗龙、山东龙、诸城暴龙等。

有的是根据人名。比如有纪念化石发现者的埃雷拉龙、理理恩龙、奥古斯丁龙、阿贝力龙；有纪念古生物学家的赖氏龙、曼特尔龙、马什龙；有纪念其他科学家的法布尔龙；有纪念出资赞助挖掘活动的拜伦龙等。

有的是根据某种生理特征，如三角龙、甲龙、剑龙、双脊龙、角鼻龙、似鳄龙、鲨齿龙、重爪龙、恐爪龙、单爪龙、腔骨龙、棘龙、鸭嘴龙、鹦鹉嘴龙、美颌龙、副栉（zhì）龙、肿头龙等。

有的是根据可能具备的某种快速敏捷、凶残暴虐等特点，如霸王龙、伶盗龙、惧龙、恶龙、伤齿龙、驰龙、无畏龙等。

有的是根据整体形态，如似鸡龙、似金翅鸟龙、白熊龙、鼠龙等。

有的是用神话传说中的形象来命名，

恐龙档案

中文名：米拉西斯龙

拉丁名：*Meraxes*

分类：蜥臀目、兽脚亚目、鲨齿龙科、米拉西斯龙属

模式种：巨型米拉西斯龙

时期：白垩纪晚期

地区：阿根廷

身长：10.5 米

体重：4.26 吨

战斗力：78 分

如蛇发女怪龙、似鸟身女妖龙、卡戎龙、敖闰龙、西雅茨龙、奥沙拉龙等。

有的是采用小说影视中的形象来命名，如索伦龙。

米拉西斯龙便是采用小说《冰与火之歌》（改编成电视剧后更名为《权力的游戏》）中一条龙的名字来命名的。在小说中，米拉西斯能飞能喷火，一口可以吞下一匹战马，但在雷妮丝·坦格利安王后骑着它攻打狱门堡的时候，米拉西斯被一支长铁箭射穿双眼，与王后一道战死。

米拉西斯龙化石是在 2012 年被发现的，直到 2022 年才被命名，是南半球已知最完整的鲨齿龙科化石。它的头骨比高棘龙更大，前肢很短。

科学家通过骨骼组织学分析发现这只米拉西斯龙死亡的时候已经 53 岁，是已知年龄最大的兽脚类恐龙。在肉食恐龙中，鲨齿龙科的寿命相对较长，一般在 30 到 40 岁时达到成熟，而米拉西斯龙在完全成熟以后，身体依然能保持缓慢的持续增长。

关于恐龙的寿命，一般认为大型恐龙寿命比较长，推测蜥脚类巨龙最长可达 300 岁，而一些小型恐龙则只有短短几岁。著名的霸王龙"苏"死亡时为 28 岁，是已知暴龙类中寿命最长的。

12 食蜥王龙

龙给我们的印象是呼风唤雨、上天入地、凶神恶煞，"龙"前面加上"恐怖的"几个字就更加吓人了。因此对于我们中国的小朋友来说，"恐龙"这个名字本身就具有一种特别的魔力。

恐龙的学名原意是"恐怖的蜥蜴"。一提到蜥蜴我们多半会想到野外那种不咬人的四脚蛇，长得跟壁虎似的。如果翻译家们真的将恐龙翻译为"恐怖的蜥蜴"，简称"恐蜥"，恐怕不仅起不到制造恐怖氛围的效果，反而会有一点点滑稽。

按照这种翻译，霸王龙就是"残暴的蜥蜴王"；马普龙就是"大地蜥蜴"；

恐龙档案

中文名： 食蜥王龙
拉丁名： *Saurophaganax*
分类： 蜥臀目、兽脚亚目、异特龙科、食蜥王龙属
模式种： 巨食蜥王龙
时期： 侏罗纪晚期
地区： 美国
身长： 10.5 米
体重： 3.8 吨
战斗力： 76 分

鲨齿龙就是"有着鲨鱼牙齿的蜥蜴"；棘龙就是"有棘的蜥蜴"；最具喜剧效果的是食蜥王龙，"以蜥蜴为食的帝王"，这种帝王谁爱当谁当，反正我是不愿意当。

　　幸亏日本的古生物学家将"恐怖的蜥蜴"翻译为"恐竜"，"竜"在古汉语里跟"龙"是一个意思，读音也一样。我国地质学家章鸿钊先生将这个翻译借鉴过来，就成了现在通称的"恐龙"。

　　按这种翻译，食蜥王龙可以理解为"吃恐龙的恐龙之王"，凶残本质一下就体现出来，不仅体面，而且霸气。

　　食蜥王龙的化石早在 20 世纪 30 年代就被发现，来自至少 4 个个体。但由于化石完整度不高，人们对它的了解并不深入。它的腿骨跟异特龙很相似，因此有的古生物学家认为它是异特龙的一个种——巨异特龙，但并没有得到普遍认同。普遍认可的是它的体形巨大，按照推测，食蜥王龙是目前已知侏罗纪体形第二大的肉食恐龙，仅次于蛮龙。

恐龙档案

中文名：惧龙
拉丁名：*Daspletosaurus*
分类：蜥形纲、蜥臀目、兽脚亚目、暴龙科、惧龙属
模式种：强健惧龙
时期：白垩纪晚期
地区：北美洲
身长：9 米
体重：3 吨
战斗力：75 分

13 惧龙

我们如果想要对肉食恐龙的攻击力有一个比较直观的了解，可以将它们与现代猛兽如老虎和狮子进行对比。在这之前，我们先来将老虎、狮子与大象做一个比较。

大象虽然是草食动物，绝大部分时间都很温顺，但老虎、狮子绝不敢轻易冒犯一头成年大象。即使对付小象，狮子也不敢只身犯险，只能以群体作战的方式进行围猎。

那么，如果大象也是一种肉食动物，狮子、老虎在它面前，估计就跟中华田园犬在狮子、老虎面前差不多，实力悬殊，不值一提。

在所有肉食恐龙中，体形最接近亚洲象的是惧龙。惧龙被认为是霸王龙的直接祖先，非常粗壮，头骨坚固，牙齿锋利。面对真正的掠食者惧龙，老虎、狮子那点儿攻击力恐怕找不到发挥的机会。

惧龙如此，那么体形是惧龙两三倍的霸王龙将会怎样，也就可想而知了。

惧龙最初一直被当作蛇发女怪龙的一个种，直到半个世纪后才得到重新描述和命名。出现这种误解似乎在所难免，因为在同一时期同一地区，两种暴龙科恐龙并存的情况非常罕见。

既然惧龙与蛇发女怪龙并存，那么它们之间的竞争关系怎样，一直是古生物学家感兴趣的问题。通常认为，擅长奔跑的蛇发女怪龙可能主要猎食速度较快的鸭嘴龙科恐龙，而速度较慢、咬合力更大的惧龙则主要猎食角龙或甲龙。

但化石证据似乎跟这种观点开了一个玩笑：人们在一个惧龙标本的胃里发现了已部分消化的鸭嘴龙幼体化石；而在另一个骨层，发现了3个惧龙和至少5个鸭嘴龙科恐龙的化石，鸭嘴龙科恐龙的化石很零散，上面有很多暴龙科恐龙的牙印，似乎是这3头惧龙在吃了鸭嘴龙科恐龙的尸体之后，也遭遇某种不测而集体死亡。

可能是地震；也可能是鸭嘴龙科恐龙吃了剧毒植物身亡，然后惧龙吃了它们的尸体也被毒死。

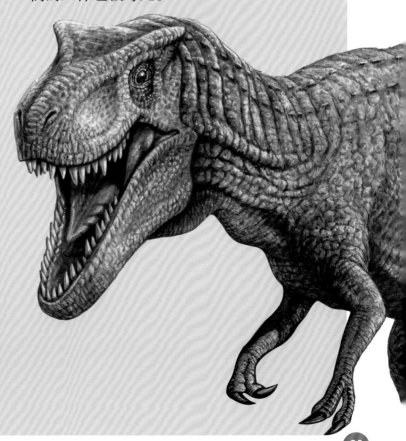

恐龙档案

中文名：蛇发女怪龙

拉丁名：*Gorgosaurus*

分类：蜥臀目、兽脚亚目、暴龙科、蛇发女怪龙属

模式种：平衡蛇发女怪龙

时期：白垩纪晚期

地区：北美洲

身长：9 米

体重：3 吨

战斗力：74 分

14 蛇发女怪龙

在希腊神话中，戈耳工是一种头上长着毒蛇、嘴里长着獠牙、手上长着利爪的怪兽。谁要是和它们对视，就会立刻变成石头。

美杜莎本来是一个美丽的人类少女，有着一头漂亮的金发，因为被认为冒犯了雅典娜，被雅典娜变成了戈耳工。从此金发变成了毒蛇，但她美丽的脸庞并没有变。人们叫她蛇发女怪。她也拥有了戈耳工的魔力，任何和她对视的人，都会立即变成石头。

宙斯的儿子珀尔修斯接下了一个奇怪的任务：取走蛇发女怪的头颅。他借助赫尔墨斯的飞鞋飞往戈耳工之岛，借助雅典娜神盾的反射看到了美杜莎的位置，从而避免了和她对视而变成石头，用雅典娜的神剑砍下了美杜莎的头。最后，珀尔修斯将头颅献给了雅典娜。雅典娜将其永远囚禁在神盾上，从此带有蛇发女怪的神盾成了雅典娜的标志。

在民间，美杜莎的头部形象也被做成石质装饰，放置在门墙甚至墓碑之上，用来辟邪。她自己从此变成了石头，看到她眼睛的人，却再也不会被石化。

这仿佛预示着蛇发女怪龙的命运。

蛇发女怪龙是由著名的化石猎人斯滕伯格家族中的莫特拉姆·斯滕伯格发现、由加拿大著名的古生物学家劳伦斯·赖博命名的。它是暴龙科的一员，拥有一双独特的眼睛，眼窝接近圆形，跟其他暴龙科恐龙的椭圆形眼窝都不一样。这种形象令它看上去更加恐怖。

它拥有一双大长腿，按比例来说是肉食恐龙中最长的之一，擅长奔跑。而且它的双脚异常结实，科学家曾经对54个蛇发女怪龙的脚掌骨骼做过研究，没有发现骨折迹象。

拥有暴龙科恐龙强大的攻击力，同时又具备其他暴龙科恐龙所不具备的速度和耐力，蛇发女怪龙对所有植食恐龙来说都是一个噩梦，正如美杜莎的眼睛对所有好奇者的目光那样。

但仅仅拥有两条健壮的大长腿显然远远不够。因为多个蛇发女怪龙的化石上都发现了受伤的迹象。仅正模标本就有3根肋骨有骨折后愈合的痕迹，这说明它可能在捕食的时候由于速度过快与其他恐龙发生了碰撞，当然也可能是撞到树上或摔倒，总之是受伤了。后来，它痊愈了。后来，它死了，变成了石头。再后来，它被陈列在博物馆，面对近在咫尺的那些弱小的灵长目生物，已经如同被做成饰品的美杜莎那样，失去了昔日的魔力。

恐龙档案

中文名：似鳄龙

拉丁名：_Suchomimus_

分类：蜥臀目、兽脚亚目、棘龙科、似鳄龙属

模式种：泰内雷似鳄龙

时期：白垩纪早期

地区：非洲

身长：11米

体重：3.8吨

战斗力：70分

15 似鳄龙

自从棘龙和鲨齿龙化石在"二战"中被炸毁以后，一批又一批古生物学家来到非洲试图找到新的化石，前面提到过的美国古生物学家保罗·塞里诺就是其中之一。

20世纪90年代，他率领团队来到非洲，在撒哈拉沙漠寻找恐龙化石。在这里他有很大的收获：发现了新的鲨齿龙化石，还发现了帝鳄化石。虽然他不是最早发现帝鳄化石的人，但正是他才令帝鳄这种最大的鳄鱼引起了全世界的关注：他发现的帝鳄化石复原图出现在美国《国家地理》杂志的封面上，标题是——"超级巨鳄，它不与恐龙同行，因为它以恐龙为食。"

他还发现了一种长着野猪一样獠牙的鳄鱼化石，命名为野猪鳄。和帝鳄一样，野猪鳄也是生存在白垩纪的一种巨鳄；他发现的另一种古鳄化石，嘴长得像鸭子，体长仅70厘米，命名为鸭鳄。

随后，他又率领团队来到位于撒哈拉南端的泰内雷沙漠继续寻找。

泰内雷沙漠是世界上降雨量最少的地区之一，经常长达数年都不下雨，它也是地球表面日照最强的地方之一。

就是在这样残酷的环境里，居然生长着一棵相思树，被称为"泰内雷之树"。由于离它最近的树远在400千米外，它被认为是世界上最孤独的树。在沙漠里，它长期都被商队和探险家当作路标。

1973年，一个喝醉的卡车司机撞倒了这棵世界上最孤独的树。后来，在泰内雷之树原来生长的地方，人们立了一棵金属树作为纪念。

在泰内雷沙漠，保罗·塞里诺的团队发现了似鳄龙的化石。它体形巨大，背部有像棘龙那样的帆状物，有着鳄鱼一样的头部，嘴里有很多向后弯曲的牙齿，前肢有大型的镰刀状的指爪。这些特征表明，它很可能与近亲棘龙、重（zhòng）爪（zhǎo）龙一样，以鱼为食。

谁能想到这片终年无雨的酷热沙漠，在白垩纪的时候曾经是一片有着丰富鱼类的水乡呢？

恐龙档案

中文名：永川龙

拉丁名：*Yangchuanosaurus*

分类：蜥臀目、兽脚亚目、中棘龙科、永川龙属

模式种：上游永川龙

时期：侏罗纪晚期

地区：中国

身长：11米

体重：3吨

战斗力：68分

16 永川龙

很多恐龙化石的发现充满了偶然性，有的是在清理水沟的时候发现的，有的是在散步的时候踢到的，有的是在种红薯的时候挖到的……这里要介绍的永川龙则是在修水库的时候发现的。

1976 年 6 月，四川省永川县（今重庆市永川区）修建上游水库。这天下了一整天的大暴雨。暴雨过后，有民兵在水库边的滩涂上挖土，就这么偶然，他挖出来几块奇怪的石头，被专家鉴定为恐龙化石。随后，一具接近完整的恐龙化石在挤得水泄不通的村民围观下被挖了出来。

我们前面介绍过，"龙骨"是一味药材，据说可以治健忘、拉肚子、出虚汗和尿床等症状。围观者中可能有人家里有小孩尿床，也可能有人得了健忘症，总之有人偷走了部分恐龙化石想拿去治病，但幸亏被及时发现追了回来，这才保住了化石的完整性。

这具恐龙化石被命名为上游永川龙，是当时亚洲最完整的肉食恐龙标本，至今它仍是重庆自然博物馆的镇馆之宝。

后来在四川省自贡市和平乡挖出来一具更为完整的肉食恐龙化石，被命名为和平永川龙，它成为自贡恐龙博物馆的镇馆之宝。后来的研究认为它是中华盗龙的一个种，应更名为和平中华盗龙。但它跟永川龙依然是近亲。

永川龙头大脖子短，身短尾巴长；前肢灵活，后肢粗壮；有大型的锯齿状牙齿。它是侏罗纪的代表性恐龙之一，也是迄今为止在中国发现的侏罗纪体形最大的肉食恐龙。

2014 年，香港邮政发行了一套《中国恐龙》邮票，选取了6 种代表性恐龙，其中就有永川龙；2017 年，中国邮政也发行了一套《中国恐龙》邮票，同样也是选取了6 种恐龙，永川龙再度入选。

恐龙档案

中文名：艾伯塔龙

拉丁名：*Albertosaurus*

分类：蜥臀目、兽脚亚目、暴龙科、艾伯塔龙属

模式种：肉食艾伯塔龙

时期：白垩纪晚期

地区：加拿大

身长：9米

体重：2.5吨

战斗力：66分

17 艾伯塔龙

　　1884 年和 1889 年，古生物学家先后在加拿大艾伯塔省的红鹿河挖出来两具肉食恐龙的头骨化石，最初古生物学家认为它们是伤龙的一个种。但美国古生物学家亨利·奥斯本认为这两具头骨与伤龙的有明显的差异。他在 1905 年发表关于霸王龙的论文时，顺便用一页纸的篇幅简单介绍了这两具头骨，并很敷衍地将其命名为肉食艾伯塔龙。

　　艾伯塔龙的最近亲是蛇发女怪龙，曾经有古生物学家怀疑它们是同一物种。但另外的古生物学家反对，认为它们之间的区别要比霸王龙和惧龙之间的区别更大，主要体现在头骨的若干差异。

　　在暴龙科中，艾伯塔龙身材比较修长，嘴里长着超过 58 颗带锯齿边缘的牙齿，有很大的咬合力。

　　人们曾经在同一地点挖掘出 1000 多块艾伯塔龙的骨骼化石，来自大约 26 个个体。有人推测它们可能是群居动物，但也有人认为可能是因为干旱或洪水等造成了集体死亡。

　　科学家曾经对 319 个艾伯塔龙的脚掌骨骼进行研究，只发现一个有骨折现象，而手部骨头则无一骨折。其他部位的骨骼受伤比例也相当之低。

　　该如何解释这一现象呢？要知道，强悍如霸王龙受伤的概率都相当之高。

　　或许艾伯塔龙在捕猎时确实是群体作战，在它们的强力围困之下，猎物抖如筛糠，乖乖倒地就擒。或许，它们专挑没有丝毫抵抗力的植食恐龙幼崽下嘴。

　　还有另外一种解释，即它们是食腐动物，食物对它们的伤害概率为零。但有一点不符合生物演化的逻辑，即它们与蛇发女怪龙一样，擅长奔跑，如果食腐的话，要那么快的速度干吗，是怕去晚了地上那团烂肉会自己跑掉吗？

恐龙档案

中文名：异特龙

拉丁名：*Allosaurus*

分类：蜥臀目、兽脚亚目、异特龙科、异特龙属

模式种：脆弱异特龙

时期：侏罗纪晚期

地区：北美洲、葡萄牙

身长：9.7 米

体重：2.7 吨

战斗力：65 分

18 异特龙

异特龙就是"与众不同的蜥蜴"之意，最早是由美国古生物学家马什根据他认为与众不同的脊椎命名的。马什一生命名了86种恐龙，从这个名字也可以看出，由于命名太多，到这里他已经有点词穷了。

异特龙是一个非常成功的物种，留下了大量化石，各个年龄的个体都有。仅在美国犹他州的克利夫兰劳埃德采石场这一处就挖出了1.5万多块化石，其中大多数都属于异特龙。目前已经从中整理出至少46具异特龙标本。

在同一地点发现数量如此众多的化石，自然令人怀疑异特龙是一种群居动物，但古生物学家对此普遍持怀疑态度。他们认为不能排除干旱、洪水、深陷沼泽等原因导致的集体死亡。还有古生物学家认为异特龙可能存在同类相食现象，它们很可能在争抢食物的时候发生了自相残杀，导致大量死亡，因为人们曾经在某些异特龙标本的肋骨碎片中发现了同类脱落的牙齿，在肩胛骨上也发现过同类的咬痕。

异特龙的眼睛上方有一对小角，可能起到遮挡阳光或展示视觉的作用。前肢比暴龙科要长，也更强壮，手上有3根指头，都有尖爪。后肢比较长，据推测其奔跑时速大约为30到55千米。它的头骨异常坚固，但咬合力跟其他大型肉食恐龙相比却相当小，古生物学家分析它的进食方式可能与众不同。咬合力大的暴龙科恐龙咬住猎物以后，可能以左右摇晃脑袋的方式切割猎物的肌肉；而异特龙可能采取上下晃动脑袋的方式将猎物的肉扯下来。

科学家发现异特龙四肢骨折的概率远高于其他捕食者，分析认为这些骨折并非发生在运动时，而是发生在与猎物搏斗时。这说明异特龙是非常积极的捕食者。人们曾经在剑龙颈部的骨板上发现过异特龙的咬痕，也曾经在一具异特龙的尾椎上发现过尚未完全愈合的伤口，而这个伤口尺寸恰好跟剑龙的尾刺相当，说明即使面对剑龙这样不好下手的捕食对象，它们也经常主动出击。

古生物学家在一具非常完整的异特龙标本上，发现19块骨骼有断裂或感染的迹象，该个体最后因此而死亡。而它受伤的原因，很可能是在攻击蜥脚类巨龙的时候遭到了对方尾巴的暴击。

异特龙作为猎食者，很不幸也是其他肉食者的猎物。人们曾经在一具异特龙的耻骨上发现了大型肉食恐龙的咬痕，据推测，这个咬痕来自食蜥王龙或者蛮龙。当然，它们很可能是在食用异特龙的尸体。

恐龙档案

中文名：食肉牛龙
拉丁名：*Carnotaurus*
分类：蜥臀目、兽脚亚目、阿贝力龙科、食肉牛龙属
模式种：萨氏食肉牛龙
时期：白垩纪晚期
地区：阿根廷
身长：8米
体重：2.1吨
战斗力：63分

19 食肉牛龙

正如角龙科的代表性恐龙并不是角龙一样，阿贝力龙科的代表性恐龙也不是阿贝力龙。

阿贝力龙的化石只是一块很不完整的头骨，但它是阿贝力龙科最早被发现、最早被命名的。这块头骨具备某些特征，日后若干种具备类似特征的恐龙就被归类于阿贝力龙科，比如食肉牛龙、玛君龙、蝎猎龙、奥卡龙、始阿贝力龙等，它们都被发现了相当完整的化石。

其中食肉牛龙由于它的独一无二，成为阿贝力龙科最著名的恐龙。

食肉牛龙是由阿根廷著名古生物学家何塞·波拿巴发现并命名的，而他正是阿贝力龙的命名者。

食肉牛龙是目前发现的肉食恐龙中额头上唯一长有一对角的。这对犄角可能用于种群内部为争夺地位和配偶而进行的打斗。它身上长满了鳞甲，在打斗中能够起到一定的保护作用。

食肉牛龙的头很短，不到60厘米长。手也很短，按比例算甚至比暴龙还短，上面有4根手指，但其中两根已经相当退化，手指没法做动作，指头上很可能也没有爪子，整个前肢基本丧失了实用功能，成了一种象征似的存在。阿贝力龙科的恐龙大都如此。

它的后肢很长很强壮，有科学家推测它每条腿上的肌肉重达137千克，说明它的奔跑速度非常快。据估算，它的最快速度可达56千米/时，是大中型肉食恐龙中速度最快的。

目前只有一具食肉牛龙化石被发现，尽管这具化石标本相当完整，但由于缺乏更多的化石作为佐证，科学界对它的食性依然存在争议。有研究认为它的咬合力比较小，但是咬合速度快，同时它的大嘴和小型的锯齿状牙齿都适合撕咬小型动物。另外有古生物学家则认为食肉牛龙的咬合力非常巨大，据测算能达到当今世界咬合力最大的短吻鳄的两倍，它的猎捕对象主要是大型植食恐龙。

恐龙档案

中文名：矮暴龙

拉丁名：*Nanotyrannus*

分类：蜥臀目、兽脚亚目、暴龙科、
矮暴龙属

模式种：兰斯矮暴龙

时期：白垩纪晚期

地区：美国

身长：8米

体重：2吨

战斗力：62分

20 矮暴龙

2005 年，穆雷夫妇从塞弗森兄弟手里买下了美国蒙大拿州的一处牧场，但塞弗森兄弟保留了三分之二的矿产权。

第二年，化石猎人菲普斯在该牧场发现了震惊世界的化石：一只暴龙类与一只开角龙类的骨骼纠缠在一起。它们有可能是偶尔被洪水冲到了一处，也有可能是在搏斗中同归于尽。人们更愿意相信是后者，因此化石被取名为"决斗恐龙"。

这具化石可能包含了解决另外一个悬案的钥匙。

在此之前，人们曾经发现过两具不完整的化石，并将其命名为矮暴龙。长期以来，关于矮暴龙的真实分类，人们争论不休。很多古生物学家认为它就是未成年的霸王龙，另外一些古生物学家则坚持认为它和霸王龙之间在牙齿形状、数量和前肢比例等方面存在差异，足以说明矮暴龙是一个独立的物种。

"决斗恐龙"中的一方被认为是矮暴龙，由于化石非常完整，它有可能帮助大家搞清楚矮暴龙到底是一个独立的物种，还是霸王龙的未成年个体。

但古生物学家迟迟没有机会对这具化石进行研究。因为"决斗恐龙"陷入了一个漫长的官司。

2013 年，化石被送到拍卖行去拍卖，起拍价为 600 万美元。但拍卖流产了，因为牧场的前任主人塞弗森兄弟宣称化石属于矿物，他们拥有三分之二的所有权。穆雷夫妇和塞弗森兄弟的官司打到了美国联邦地方法院，该法院做出了有利于穆雷夫妇的裁决。塞弗森兄弟提起上诉，美国第九巡回上诉法院裁决塞弗森兄弟胜诉，他们将拥有三分之二的所有权。

在古生物界的声援下，穆雷夫妇继续上诉，最后蒙大拿州最高法院裁定化石不属于矿物。2020 年 6 月，第九巡回法院进行了重审，最终裁定化石所有权属于穆雷夫妇。

一个捐赠机构以未知金额从穆雷夫妇和菲普斯手里买下了这块化石，捐赠给了北卡罗来纳自然博物馆。蹉跎 10 多年后，化石终于到了它该去的地方，古生物学家也终于可以开展研究工作了。截至本书付印时，研究结果尚未发布。但很显然，矮暴龙是否构成一个独立的物种的谜底在不远的将来终将揭晓。

恐龙档案

中文名：鱼猎龙

拉丁名：*Ichthyovenator*

分类：蜥臀目、兽脚亚目、棘龙科、
鱼猎龙属

模式种：老挝鱼猎龙

时期：白垩纪早期

地区：老挝

身长：10.5 米

体重：2.4 吨

战斗力：60 分

21 鱼猎龙

老挝是亚洲的一个内陆国家，曾经沦为法国的殖民地。1936年，法国地质学家约苏·赫勒门·豪菲特来到老挝沙湾拿吉省，在考察当地的地质构造时，意外发现了一些恐龙化石，他描述了其中的两种：老挝满洲龙和法罗蒂泰坦巨龙。这是在老挝第一次发现恐龙化石。豪菲特也由此被视为老挝地质学和古生物学的先驱。

但不幸的是，第二次世界大战爆发，日本于1940年入侵老挝。豪菲特先是加入了情报部门，1945年又加入了抗日游击队，是年在越南河内附近和日军的一次作战中失踪。两年后，他被宣布为法国战死。

1990年开始，一支由老挝和法国古生物学家组成的联合考察队在沙湾拿吉省进行了一系列考察活动，重启当年由豪菲特开启的老挝古生物研究，老挝的恐龙研究正式起步，研究成果陆续发布。位于沙湾拿吉省的老挝恐龙博物馆也于2000年正式开放。

为了表达对豪菲特的纪念，他们将在这一系列考察活动中发现的一种蜥脚类恐龙命名为豪菲特怪味龙。

2010年，联合考察队在沙湾拿吉省又挖出了一具非常独特的恐龙化石，它的背上也长着高高的帆状物。和其他棘龙科恐龙不同的是，它的帆状物在背部和臀部交界处断开，分成两段独立的帆，有点像骆驼的双峰。背部的帆最高接近50厘米，而臀部的帆相对较矮，最高不到30厘米。它的背棘为何会长成这样，依然是一个不解之谜。而它的作用也只能推测为展示视觉、调节体温、储存能量或有助于游泳等。

它的牙齿呈笔直的圆锥形，没有锯齿，适合刺穿猎物，因此人们推测它可能以鱼类为主要食物，遂被命名为鱼猎龙。它的体形较为修长，但依然很庞大，除捕鱼之外，应该也能猎食中小型植食恐龙。

22 激龙

有些化石猎人或化石贩子在得到标本后，为了能卖更好的价格，他们往往会对化石进行处理：按他们的认知进行美化、修补，甚至将不同的化石拼接为一个看上去更完整的个体。

1999 年，一位化石贩子将鸟类骨骼和小盗龙的尾巴拼接为一个标本走私到美国，骗过了众多古生物学家和媒体，使得该标本被当作恐龙最终演化为鸟类的重要证据而轰动世界，这就是著名的辽宁古盗鸟。这是科学史上最著名的骗局之一。后来中国的古生物学家指出了这个错误。

骗局被揭露并没有杜绝这种造假行为的发生，在化石黑市上常有发生，甚至一些博物馆都存在经过拼接或人为改变过的化石。

巴西某位业余化石猎人挖到了一块

恐龙档案

中文名：激龙

拉丁名：*Irritator*

分类：蜥臀目、兽脚亚目、棘龙科、激龙属

模式种：查林杰激龙

时期：白垩纪早期

地区：巴西

身长：8米

体重：2吨

战斗力：58分

恐龙的头骨化石，该化石相对完整，只缺少上下颌骨的前段。为了让化石显得尽量完整，以便能卖出一个好价钱，他用石膏对颌骨化石残缺部分进行了处理。

古生物学家得到这块化石之后，通过电脑断层扫描发现了被修改的部分，为了复原化石，额外花费了大量时间去掉这些石膏。为了形容当时这种"令人抓狂或烦恼的心情"，他们将其命名为"激龙"。其实——翻译为"烦恼龙"更为确切。

几乎与此同时，另一块恐龙化石也出现在古生物学家面前，巧合的是，该化石只有上下颌骨的前段。它的上颌骨有一颗断裂的牙齿，跟激龙相符。古生物学家以巴西原住民图皮族的守护神将其命名为崇高龙（Angaturama）。

这种巧合无法不令人猜测其间到底发生了什么。有古生物学家认为这两块化石可能来自同一个体。

激龙头顶有矢状头冠，它的颌部与牙齿都很像鳄鱼的，牙齿呈笔直的圆锥形，可能以鱼类为食。研究者曾在一具翼龙的化石上发现过崇高龙的牙齿，不清楚它是猎杀了翼龙，还是在吃翼龙的尸体。

23 伤龙

查尔斯·奈特从小喜欢自然、热爱绘画，经常临摹父亲《自然史》书中的动植物插图。一次意外受伤使他右眼几乎失明，加上左眼散光，他一度万念俱灰。父亲找人帮他专门设计了一副眼镜，使他在某种程度上恢复了视力，他考入艺术学校继续学习绘画艺术，毕业后先是从事橱窗设计，后来成为一名自由插画师。

一个偶然的机会，他为美国自然历史博物馆画了一幅史前野猪的想象复原图，大受赞赏，从此致力于史前动物尤其是恐龙的绘画创作。他创作的恐龙形象影响了整整几代人，引发很多当代和后世画家的模仿，也对后来影视作品中的恐龙形象产生了重大的影响，被誉为"史前历史的伟大推广者""穿越时空的艺术家"。

可以说，他是第一个重新赋予那些化石以生命和活力的人。

恐龙档案

中文名：伤龙
拉丁名：*Dryptosaurus*
分类：蜥臀目、兽脚亚目、真暴龙类、伤龙属
模式种：鹰爪伤龙
时期：白垩纪晚期
地区：北美洲
身长：7.5 米
体重：1.5 吨
战斗力：57 分

　　他为美国自然历史博物馆创作的最著名作品是"跳跃的暴风龙"，这是人类历史上第一次将大型恐龙描绘成活跃的动态形象，一改此前的粗大笨重。他的创作得到了暴风龙的命名者、美国古生物学家柯普的认可。因为这幅画作，暴风龙很快就成为当时世界上最著名的恐龙之一。

　　暴风龙的近亲是始暴龙，它的前肢很长很大，每只手上有 3 根手指，其中两根手指上都有 18 厘米长的鹰爪般的指爪。因此柯普将模式种命名为鹰爪暴风龙。属名"laelaps"既有"暴风"之意，也是希腊神话中的猎犬"莱拉普斯"，它能够抓到世间所有的猎物。

　　暴风龙，多么美妙的名字！但是很可惜，在此之前"laelaps"这个词已经被用来命名一种螨虫了。按照《国际动物命名规则》，暴风龙就成了无效名。

　　11 年后，柯普的死对头、美国古生物学家马什将其改名为伤龙。暴风龙这个名字从此消失在历史的尘埃里，但"跳跃的暴风龙"这幅传世之作至今依然保存在美国自然历史博物馆。

恐龙档案

中文名：血王龙

拉丁名：*Lythronax*

分类：蜥臀目、兽脚亚目、暴龙科、血王龙属

模式种：西南风血王龙

时期：白垩纪晚期

地区：美国

身长：6.8 米

体重：1.4 吨

战斗力：56 分

24 血王龙

在美国犹他州，有一个大升梯国家纪念区。大升梯的概念最早是由美国地质学家克拉伦斯·达顿提出来的，这里自南向北爬升，由5层不同颜色的岩层构成了一个大阶梯。

最下面的岩层呈巧克力色，形成于三叠纪；第二层为朱红色，形成于侏罗纪早期；第三层为白色，形成于侏罗纪中晚期；第四层为灰色，形成于白垩纪；最上面一层为粉红色，形成于古近纪。

这里被称为"天然的地质档案馆"。过去数十年来，古生物学家陆续在此地发现了恶魔角龙、华丽角龙、鸭嘴龙、甲龙、肿头龙等多种恐龙化石。

不过最初肉食恐龙的化石似乎并不常见。2009年，当美国内政部土地管理局的职员在此处发现了肉食恐龙的化石并致电犹他大学的古生物团队时，对方表示了怀疑，直到看到发过去的鼻骨照片时，才开始兴奋起来。他们确认，这是一个暴龙类的鼻骨化石。

整个标本用了一年多的时间才挖掘出来，被命名为西南风血王龙。种名来自荷马史诗中的西南风神，代指发现地在美国的西南部。

血王龙也有粗壮的身体、巨大的头颅、只有两根手指的短小前肢、异常发达的后肢。它的牙齿坚固锋利，长达13厘米，咬合力很大。它还具备立体视觉，可以准确地锁定猎物位置。这些特点与霸王龙是如此接近，以至于有的古生物学家认为应该将血王龙归为霸王龙的一个种。不过更多的古生物学家认为它可能是霸王龙的祖先，毕竟，它存在的时间比霸王龙要早1300万年。

恐龙档案

中文名： 羽王龙

拉丁名： *Yutyrannus*

分类： 蜥臀目、兽脚亚目、原角鼻龙科、羽王龙属

模式种： 华丽羽王龙

时期： 白垩纪早期

地区： 中国

身长： 9米

体重： 1.4吨

战斗力： 55分

25 羽王龙

羽王龙化石是在中国辽宁省北票市巴图营乡发现的，一共有3具相当完整的个体被先后挖出，分别为少年、青年和成年个体。它们可能来自一个家族，在集体活动的时候遭遇了某种意外而丧生。

羽王龙的研究报告一被公布于世，就立刻受到全世界的瞩目：这是第一次在大型恐龙身上发现有羽毛的证据。羽王龙也成为目前已知体形最大的长羽毛的恐龙。此前，只在一些小型恐龙身上发现长有羽毛。在羽王龙被发现之前，体形最大的长羽毛的恐龙是镰刀龙超科的北票龙，它也是在辽宁省北票市被发现的，其体重估计为27千克，而羽王龙估计有1400千克，二者体重相差超过50倍。

羽王龙化石标本上保存着精美的羽毛印痕，是一种原始的丝状羽毛，平均长度达到15厘米，覆盖全身。

即使长着羽毛，羽王龙也不能飞翔，据推测这些羽毛主要用来保暖。因为在羽王龙生存的白垩纪早期，辽西地区气温很低，平均温度要比暴龙生存的白垩纪晚期低10摄氏度左右，羽王龙需要借助这些羽毛来抵御严寒。

为了适应寒冷环境而逐渐演化出羽毛，人们一直以为只发生在小型恐龙身上，以往的化石证据也证明了这一点。因为一般来说，大型恐龙的相对体表面积比较小，不容易散热；而小型恐龙相对体表面积比较大，体内热量更容易散失。换成通俗的话说就是小个子更怕冷，可能需要早早穿上貂皮大衣。而大个子不怕冷，光着膀子应该也能越冬。羽王龙化石的发现告诉人们：人家大个子也怕冷、也是需要穿羽绒服的。

而在往后的岁月里，随着气温的升高，事情发展到了保暖的对立面。为了更好地散热，大型恐龙身上的羽毛很可能逐渐被可以增加散热面积的鳞片取代了。这也得到了化石证据的证明。比如，活跃在白垩纪晚期的特暴龙和食肉牛龙都发现过皮肤带有鳞片的印痕化石。

恐龙档案

中文名：重爪龙

拉丁名：*Baryonyx*

分类：蜥臀目、兽脚亚目、棘龙科、重爪龙属

模式种：沃克氏重爪龙

时期：白垩纪早期

地区：英国、西班牙、尼日尔

身长：10 米

体重：1.9 吨

战斗力：54 分

26 重爪龙

威廉·沃克，英国人，主业是水电工，业余收藏化石。1983年的一天，他在英格兰东南部萨里郡的一个黏土坑中发现了一个巨大的指爪化石，长度在30厘米以上。他的女婿将这块化石送往伦敦自然史博物馆进行鉴定，古生物学家确认其属于肉食恐龙。随后博物馆派出的勘察队在同一地点挖出了其余的化石，完整度大约为65%。

3年后，这具恐龙化石被命名为沃克氏重爪龙，以纪念它的发现者沃克。沃克将他发现的那个著名的大型指爪捐赠给了博物馆。

而化石由于包裹在十分坚硬的岩块中，清理工作十分困难。人们一共用了6年的时间才将骨骼化石整理出来，最后阶段的清理工作是在显微镜下用牙科工具完成的。

这具标本是最完整的棘龙科化石标本，也是英国最著名的恐龙标本之一。

重爪龙的食性似乎是确定的：人们在标本的胃部发现了鱼的鳞片和牙齿化石，还发现了未成年禽龙的骨头。

但是关于它的捕猎方式却依然不能确定：即不清楚它是像灰熊那样蹲在水边用巨大的尖爪当渔叉抓鱼，还是像鳄鱼一样埋伏在水中捕鱼；也不清楚它是猎杀了那头未成年禽龙，还是啃食了它的尸体。

但可以确定的是，像它的近亲似鳄龙一样，它的嘴部、牙齿、前肢都非常适合捕食鱼类。它的颌部关节在吞咽的时候可能会向外扩张，这说明它在吃鱼的时候是整条吞下的，类似于鹈鹕（tíhú）。这种吃鱼方式无疑会令人类羡慕：一不用刮鱼鳞，二不用烹调，三不需要吐鱼刺，四不用担心卡喉咙。

27 白熊龙

白熊龙是暴龙科的一员，但跟其他成员相比，它的体形显得非常袖珍，长度不足霸王龙的一半，体重更是不到艾伯塔龙的一半。

有人认为白熊龙的标本尚未成年，如果完全长成应该能够达到艾伯塔龙的体形。但标本的头骨却显示这是一具完全成熟的个体。

白熊龙化石是在位于北极圈的美国阿拉斯加北坡发现的，这里冬季天气寒冷，存在极夜现象，能见度极差，在这样恶劣的自然条件下觅食非常困难，会导致长时间的食物匮乏。或许正是这种原因，导致白熊龙体形如此矮小。

但是人们在此地还发现了一种伤齿

恐龙档案

中文名：白熊龙
拉丁名：*Nanuqsaurus*
分类：蜥臀目、兽脚亚目、暴龙科、
白熊龙属
模式种：霍氏白熊龙
时期：白垩纪晚期
地区：美国
身长：6 米
体重：900 千克
战斗力：52 分

龙类化石，其体形比南方的伤齿龙体形要大 50%，这无疑给上述观点带来了一个巨大的问号。古生物学家解释说，这是因为伤齿龙类眼睛大，有夜视能力，即使在冬季漫长的极夜里，伤齿龙也能捕捉到猎物。而且由于竞争者减少，它能捕获的猎物数量要比夏季更多。

白熊龙就是"北极熊蜥蜴"的意思，假如它没有在白垩纪末期那次生物大灭绝中消失，而是存活至今，恐怕也会再度面临灭绝的困境，就像今天真正的北极熊所面临的一样。

这些年来，由于全球气候变暖导致冰川消融，北极熊觅食已经越来越困难。科学家预测如果环境继续恶化，北极熊很可能在 21 世纪内灭绝。

有人提出可以将北极熊转移到南极洲去，但这显然不是将北极熊改名叫作南极熊这么简单的事情。科学家担心北极熊的到来会破坏南极洲的固有生态，甚至可能带来另一种毁灭性的影响，比如很可能会导致南极企鹅的灭绝。

恐龙档案

中文名：大盗龙

拉丁名：*Megaraptor*

科属：蜥臀目、兽脚亚目、大盗龙科、大盗龙属

模式种：桨足大盗龙

时期：白垩纪晚期

地区：阿根廷

身长：8 米

体重：1 吨

战斗力：51 分

28 大盗龙

大盗龙最初被发现的化石只有一只大型的爪子以及一堆破碎的骨头，古生物学家认为它是驰龙科的成员。驰龙科的典型特征是足部第二根脚趾上有大型镰刀状的利爪。于是，它的模式种被命名为"槊（shuò）足大盗龙"，意思就是"脚上有长矛的巨大的盗贼"。

这是一个让人充满了误会的名字。"盗贼"一词多数时候是用来命名驰龙科恐龙的；且后来发现的完整前肢化石证明它的巨大镰刀状利爪长在大拇指上，而不是脚上。因为类似的误会而被命名的还有在日本发现的福井盗龙。

大盗龙的前肢非常发达，每只前肢上有 3 根指头。前两根手指上面都有大型镰刀状的指爪，尤以大拇指上的最为巨大，长达 42 厘米，是迄今为止肉食恐龙中最长的，是捕猎的利器。

大盗龙全身骨骼高度气腔化，其程度在肉食恐龙中非常罕见，这表明它们可能拥有鸟类一样的气囊系统和双重呼吸功能。很多肉食恐龙的骨骼都存在气腔化的现象，说明气囊系统和双重呼吸可能是一种普遍现象。

高度气腔化也使得大盗龙的骨骼变得十分轻盈，同时后肢修长，说明它们擅长奔跑，拥有极快的速度。仅从这一点来说，把它们归为驰龙科似乎也不为错。

目前人们对大盗龙的认识还不够充分，因为化石资料不够完整。它的近亲可能包括气腔龙、福井盗龙、南方猎龙，以及神秘的三角洲奔龙和巴哈利亚龙。

恐龙档案

中文名：玛君龙

拉丁名：*Majungasaurus*

分类：蜥臀目、兽脚亚目、阿贝力龙科、玛君龙属

模式种：凹齿玛君龙

时期：白垩纪晚期

地区：非洲马达加斯加

身长：7 米

体重：1.1 吨

战斗力：50 分

29 玛君龙

　　玛君龙存在于白垩纪末期，此时距离恐龙大灭绝已经不远，它的脑容量很小，被认为是一种智商比较低的恐龙。而同时期的暴龙、伤齿龙等都被认为是智商最高的恐龙。

　　玛君龙的头上有一个额角，里面是空的，比较脆弱，不能用来打斗，主要作用可能是吸引异性的注意。

　　它的前肢很短，也不灵活，对捕食没有帮助。它的头虽然短，但嘴巴很宽。古生物学家猜测它们可能会采取猫科动物的方式捕猎，即用嘴巴死死咬住猎物，直到对方放弃挣扎。它的颈椎相当强壮，头骨相当坚固，即使猎物垂死挣扎，也不会弄伤它的脖子。

　　玛君龙的后肢虽然比前肢要长，但跟其他大中型肉食恐龙相比，则要更短更粗壮，重心更低。它的速度虽然可能因此变慢，但力量和稳定性得到增强。当它嘴里的猎物挣扎时，它依然可以稳稳地站住。

　　它有可能会用这种方式攻击行动更为缓慢的蜥脚类恐龙，人们曾经在拉佩托龙的骨骼上发现过玛君龙的牙印。

　　被玛君龙咬住对所有的植食恐龙都是一个噩梦，对玛君龙来说也是一样。因为玛君龙很可能存在同类相食现象，人们在很多玛君龙的化石上都发现了玛君龙的咬痕。

　　科学家曾经发现一具玛君龙标本的尾椎上有严重受伤的迹象：前两节尾椎变形，后三节尾椎完全愈合形成了一个很大的骨瘤，再后面至少有 10 节尾椎不见了。也就是说它的尾巴断掉了，成为一条秃噜丁尾巴的恐龙。尾巴断掉的原因不明，但假如这条玛君龙的尾巴被另外一条玛君龙死死咬住，似乎也只剩下断尾求生这一条路可走。

恐龙档案

中文名：胜王龙

拉丁名：*Rajasaurus*

分类：蜥臀目、兽脚亚目、阿贝力龙科、胜王龙属

模式种：纳巴达胜王龙

时期：白垩纪晚期

地区：印度

身长：6.6 米

体重：1 吨

战斗力：49 分

30 胜王龙

古生物研究从来都不是一项赚钱的事业，需要有不计回报的投资才可以推动这项事业的发展，才会有化石猎人四处出击，才会有考察队冒着高温深入沙漠腹地搜寻。换句话说，如果没有钱，这项事业将寸步难行。

化石战争的两位主角马什和柯普为了收集化石耗尽了万贯家财；人类最先发现并研究恐龙化石的英国乡村医生曼特尔为此家破人亡；甚至连美国著名的克利夫兰劳埃德采石场在挖出上万块恐龙化石之后，都因为经费短缺难以为继，尽管地下还埋藏着成千上万的恐龙化石。

1981年，印度地质调查局的地质学家在一个水泥公司的采石场发现了恐龙蛋化石，随后的3年间，大量恐龙化石被挖了出来，保存在一个古生物学机构。但由于经费缺乏，化石的研究工作陷于长时间的停滞。

直到2001年，在两家美国机构的赞助下，以芝加哥大学教授保罗·塞里诺为首的美国和印度的古生物学家组成的科研团队才开始对这些化石进行研究，并在这些化石里发现了一种类似玛君龙的恐龙，他们将其命名为胜王龙。

胜王龙是最晚期的恐龙之一，头顶也有一个额角，头也很短，嘴也很宽。和生活在非洲马达加斯加岛上的玛君龙是最近亲，它们拥有共同的祖先。根据大陆漂移学说，马达加斯加与印度曾经属于同一个陆块，在白垩纪中叶才分开。胜王龙和玛君龙的演变为大陆漂移学说提供了又一个证据。

31 新猎龙

英国的怀特岛是世界闻名的旅游胜地，是英国阳光最充足的地方，也是全世界极容易发现史前生物化石的地方。

它的地表以形成于白垩纪的岩层为主，由于海风和海水的常年侵蚀，许多隐藏在岩石深处的化石不断通过自然之手被发掘出来，暴露在悬崖顶、砂土中，甚至被海浪冲到海滩上。

5岁的小女孩黛西在海滩散步的时候发现了一种乌鸦大小的翼龙化石，后来这块化石就以女孩的名字命名为黛西翼龙；还有人在海滩上发现了体长只有61厘米的史前迷你鳄类化石；有人在一块岩石上发现了3种不同的恐龙足迹；一位科学家4年内在砂土层中发现了48种恐龙时期的各类物种。

恐龙档案

中文名：新猎龙

拉丁名：*Neovenator*

分类：蜥臀目、兽脚亚目、新猎龙科、新猎龙属

模式种：瑟氏新猎龙

时期：白垩纪早期

地区：英国

身长：7 米

体重：1 吨

战斗力：48 分

人们在怀特岛还发现了许多独特的恐龙化石，包括优腔龙、钉龙、始暴龙等。

1978 年夏季的一场风暴造成山脊坍塌，含有化石的石块坠落到怀特岛西南岸的海滩。古生物学家从石块中鉴定出来两种恐龙的化石，一种是禽龙，另外一种是未知的肉食恐龙。陆续有古生物团队前往岩石坠落处搜寻该种肉食恐龙其他部分的化石，最后发掘出来的化石大约有 70% 的完整度。

这种恐龙被命名为新猎龙。随后的几年间，人们又陆续发现了数具新猎龙的化石。

科学家通过对新猎龙头骨的研究，发现它的吻部有复杂的神经血管系统，推测它可能有感应能力，能感知温度和压力，甚至可以在进食的时候避免咬到骨头，这从它的牙齿磨损较小可以得到验证。

这种感应构造大概无法及时感知来自外部的伤害，因为古生物学家通过对标本进行 CT 扫描发现，这条新猎龙生前可谓伤痕累累：尾椎、肋骨和肩胛骨都有断裂后愈合的痕迹；脚掌还长了骨刺……不得不承认，它真的很扛揍。

恐龙档案

中文名：奥卡龙

拉丁名：*Aucasaurus*

分类：蜥臀目、兽脚亚目、阿贝力龙科、奥卡龙属

模式种：加氏奥卡龙

时期：白垩纪晚期

地区：阿根廷

身长：6 米

体重：700 千克

战斗力：47 分

32 奥卡龙

奥卡龙的化石非常完整，只缺少部分尾椎，保留了其余全部骨骼，关节仍然连接在一起。它的外形与食肉牛龙高度相似，只是体形更小；4根手指更短；额角非常低矮，甚至已经都不能叫作角。

奥卡龙的化石是在蜥脚类蛋巢边上发现的，它的头骨有受伤的迹象，很可能正是因此而死亡。

我们已经知道，即使是霸王龙谋生也是一件相当不容易的事情，对于奥卡龙这样并不强大的肉食恐龙来说，就更是无比艰辛，"有些人仅仅是为了活着，就已经花光了所有的力气"，大概说的就是类似奥卡龙这样的角色吧。

虽然是一个捕食者，但奥卡龙面对的却是以下这些庞然大物：

内乌肯龙，巨龙类的一种，体重是它的10倍；

柏利连尼龙，巨龙类的一种，体重至少是它的20倍；

巨大南极龙，巨龙类的一种，体重接近它的80倍……

这些猎物的体形一个比一个令人绝望，而小型猎物，比如薄板类的加斯帕里尼龙（Gasparinisaura），体重只有130千克，但它体态轻盈速度快，奥卡龙难以追上。而且，气腔龙（Aerosteon）是这个时代更具优势的捕食者，它不但体形更大，而且速度更快。

奥卡龙大概率只能堕落成一个猥琐的捕食者：以蜥脚类恐龙的蛋或者幼体为食。于是它常常埋伏在蜥脚类恐龙的蛋巢旁边，伺机偷袭。

"人在河边走，哪能不湿鞋？"这一天奥卡龙潜入蛋巢准备偷一只巨大南极龙宝宝果腹的时候，碰巧巨大南极龙爸爸正觅食归来，这位爱子心切的父亲狂怒之下，地动山摇般一掌拍在奥卡龙头顶，将案发现场定格下来，这一定格就是8000万年。

恐龙档案

中文名：巨齿龙、斑龙

拉丁名：*Megalosaurus*

分类：蜥臀目、兽脚亚目、巨齿龙科、巨齿龙属

模式种：巴氏巨齿龙

时期：侏罗纪中期

地区：欧洲

身长：6 米

体重：700 千克

战斗力：46 分

33 巨齿龙

人类在意识到地球上曾经存在过恐龙这种可怕的生物以前，也曾不断地发现过恐龙的化石。中国早在晋朝就有发现恐龙化石的记载，但人们以为是龙骨，后来把它当成了一味药材。牛津大学化学教授普洛特1676年得到了一块巨大的腿骨化石，他在书中对此进行了描述，但他认为这是罗马战象或史前巨人留下的。

热衷于收集化石最终导致妻离子散家破人亡的英国医生曼特尔1822年挖到一些后来被证实是禽龙的巨大骨骼化石和牙齿化石，他去请教当时世界上最权威的博物学家居维叶，居维叶认为牙齿是犀牛的，骨骼是河马的。显然，现实限制了他的想象力。

1824年，威廉·巴克兰，这位在家里养着猛兽和猴子，吃老鼠吃鳄鱼吃豹子吃蛇吃长颈鹿吃刺猬吃袋鼠吃蜈蚣吃教堂的墙吃国王的心脏的英国地质学家得到了一些大型骨骼化石。他的朋友居维叶这次突破了自己想象力的天花板，认为这属于一种巨大的类似于蜥蜴的爬行动物；另一位名叫帕金森的朋友（就是那位最先研究帕金森症的医生）对一颗巨大的牙齿进行了叙述，并为这颗牙齿的主人取了一个名字：巨齿龙。这是第一种被命名的恐龙。

而巴克兰则被公认为第一位正式描述巨齿龙的人。后来，曼特尔医生将模式种命名为巴氏巨齿龙。

事实上，当时还不存在恐龙这个概念。但是人们已经逐步意识到地球上曾经存在过一群可怕的生物。1842年，英国动物学家、古生物学家、推动博物馆免费开放第一人理查德·欧文爵士将它们命名为恐龙。

巨齿龙是侏罗纪的杀手，体形中等，前肢短而粗壮，后肢长且粗壮，头很大，有着在恐龙研究之初看来很巨大的牙齿。英国著名作家狄更斯在他的小说《荒凉山庄》里提到了巨齿龙，这是恐龙第一次出现在文艺作品中。

至少有50种恐龙最初被归类到巨齿龙属，都被后来的研究者所否决。巴氏巨齿龙仍然是巨齿龙属唯一有效的种。

恐龙档案

中文名：角鼻龙

拉丁名：*Ceratosaurus*

分类：蜥臀目、兽脚亚目、角鼻龙科、角鼻龙属

模式种：鼻角角鼻龙

时期：侏罗纪晚期

地区：北美洲

身长：5.69 米

体重：670 千克

战斗力：45 分

34 角鼻龙

19 世纪晚期，美国有两位狂热的古生物学家——爱德华·柯普和奥赛内尔·马什，两人都属于富二代，他们将自己的几乎全部资产都投入一件事情上：挖掘恐龙化石。

最初两人曾经在一个采石场合作寻找化石，但很快马什就贿赂采石场经理，让他在发现化石的时候不要告诉柯普，而是优先通知自己。柯普觉察后两人关系彻底破裂，从此柯普与马什展开了长达 30 年的恶性竞争，史称"化石战争"，手段包括互相收买对方的挖掘工人、偷取对方的化石、破坏对方的挖掘场地、诋毁对方的专业信誉等。为了防止对方侵入，马什甚至在自己化石挖掘地的周围埋上了炸药。

这场战争直到柯普去世才宣告结束。柯普曾宣布捐出自己的头骨，要求科学界在他去世之后对他的脑容量进行测量，以和马什比一比到底谁更聪明。但马什没有接受这项挑战。

在这场化石大战中，两人总共命名了 142 种恐龙，马什发现并命名了 86 种，其中包括三角龙、异特龙、雷龙、梁龙、剑龙等；柯普则发现并命名了 56 种，包括异齿龙、圆顶龙、腔骨龙、独角龙等。不过，后世的科学家研究之后发现，这 142 种恐龙之中存在大量错误和重复命名的情况，有效的只有 30 多种。

角鼻龙便是由马什所命名的有效物种之一。它被发现的时候，化石相当完整，它的前肢有 4 指，但是都很短；它的背部有皮甲；它的牙齿非常细长，它很有可能在水滨活动，主要捕食水中的生物；它的鼻子上方有一个角，眼睛上方也有一对小角。这种独特的外貌很快为它赢得了极高的知名度。在霸王龙被发现之前，角鼻龙一直是肉食恐龙的首席代表。

曾经，为了激怒马什，柯普提出仅靠鼻角这一个特征不足以支持将其建立为一个独立的属，因此他将角鼻龙改名为鼻角巨齿龙，归入巨齿龙属。但这一改动并没有得到学界的认可。

35 假鲨齿龙

吉兰泰是我国内蒙古自治区阿拉善左旗的一个镇子，四周有戈壁、有草原、有沙丘、有盐池。1960 年，古生物学家曾经在这里发现过两种恐龙化石，虽然来自不同地层，体形相差极大，但都被命名为吉兰泰龙，一种是模式种大水沟吉兰泰龙，一种是毛尔图吉兰泰龙。

后来，浙江金华一位农民在种红薯的时候也发现了一种恐龙化石，它被命名为浙江吉兰泰龙。在西伯利亚发现的一种化石被命名为西伯利亚吉兰泰龙。

由于化石不够完整，吉兰泰龙长期以来面目模糊不清，归属一直存在争议。直到 2009 年，目前中国肉食恐龙体形排名第三位的大水沟吉兰泰龙才被认为属于新猎龙科。而浙江吉兰泰龙实际上属

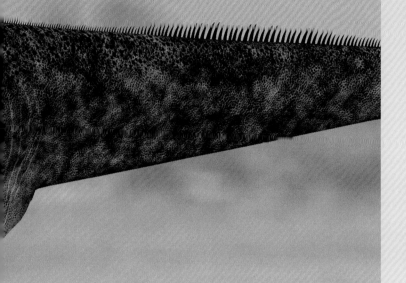

恐龙档案

中文名：假鲨齿龙
拉丁名：*Shaochilong*
分类：蜥臀目、兽脚亚目、鲨齿龙科、假鲨齿龙属
模式种：毛尔图假鲨齿龙
时期：白垩纪早期
地区：中国
身长：6米
体重：500千克
战斗力：43分

于植食的镰刀龙科。西伯利亚吉兰泰龙的化石由于太少，人们已经放弃了研究。

在本书《鲨齿龙》一节中介绍过的美国古生物学家、电影《侏罗纪世界3》的古生物学顾问斯蒂芬·布鲁萨特重新研究了毛尔图吉兰泰龙，发现它属于鲨齿龙科，于是对其重新命名为毛尔图假鲨齿龙。

他是用汉语拼音来进行命名的，即：Shachilong。如果直译过来就是鲨齿龙，这样将与真正的鲨齿龙产生歧义。于是翻译者便在前面加上了一个"假"字，只是为了区别，并非说它是一种冒牌的鲨齿龙。

细心的你一定发现了，它的拉丁名是"Shaochilong"而不是"Shachilong"，不用问，一定是布鲁萨特先生把汉语拼音搞错了，他把"鲨齿龙"拼成了"哨齿龙"。

假鲨齿龙的化石显示它已接近成年，是亚洲发现的第一种鲨齿龙科恐龙，也是已知体形最小的鲨齿龙科物种。它的嘴部相对较短，上方有个1厘米高的脊，头骨高度气腔化。

恐龙档案

中文名：犹他盗龙

拉丁名：*Utahraptor*

分类:蜥臀目、兽脚亚目、驰龙科、犹他盗龙属

模式种：奥梅氏犹他盗龙

时期：白垩纪早期

地区：美国

身长：5.5 米

体重：300 千克

战斗力：41 分

36 犹他盗龙

犹他盗龙是驰龙科已知最大的物种，所谓驰龙，就是"奔驰的蜥蜴"之意，被归类到这个科，一般都有很快的速度。但跟其他小型驰龙科恐龙如伶盗龙、恐爪龙相比，由于体形庞大，犹他盗龙的速度并不会很出色。古生物学家推测它的速度跟禽龙类相当。它可能主要通过伏击的方式打猎。

犹他盗龙第二根脚趾上有大型弯曲的镰刀状利爪，长达24厘米，这是它的攻击利器。它可以在上肢和尾巴维持平衡的情况下，靠腿部发力将利爪刺入猎物的身体。

古生物学家在犹他州东部的一个砂石岩块中发现了至少7具恐龙化石，其中6具属于犹他盗龙，另外一具属于禽龙类。古生物学家推测这可能是一个保存完好的捕食者陷阱，一只禽龙类陷入流沙之中，被犹他盗龙发现之后，一拥而上或先后上前捕食，结果也都陷入流沙之中，最后葬身于此。

后来，人们进一步的检视发现，这个捕食者陷阱可能夺取了更多的生命：岩块中的犹他盗龙化石可能有12具之多。

犹他盗龙的行为方式很像1993年上映的电影《侏罗纪公园》里的伶盗龙，只是体形更大而已。

电影《侏罗纪公园》上映后，犹他盗龙化石的发现者、美国的古生物学家詹姆斯·柯克兰等人曾经考虑将其命名为"斯皮尔伯格犹他盗龙"，斯皮尔伯格正是《侏罗纪公园》的导演，柯克兰等人的目的是争取斯皮尔伯格团队对他们的研究工作进行赞助，但双方就赞助金额问题没有谈拢。最终，该种群被命名为"奥斯特伦姆梅斯犹他盗龙"（简称"奥梅氏犹他盗龙"），种名同时致敬美国著名古生物学家约翰·奥斯特伦姆和赞助者克里斯·梅斯。

这个命名充分反映了古生物研究的窘迫和无奈；虽然犹他盗龙后来拥有了非常显赫的地位：被美国犹他州确定为州恐龙（与异特龙并列），其发现地也被辟为犹他盗龙州立公园。

37 单脊龙

1986—1990 年，来自中国和加拿大的 3 家古生物研究机构联合组织了一次中国 – 加拿大恐龙考察，参与这次考察的有我国著名古生物学家董枝明、赵喜进，加拿大著名古生物学菲利普·柯里、戴尔·罗素等。

这次活动有很多重要的发现：比如在新疆准噶尔盆地发现了体形最大的马门溪龙，为了纪念这次联合考察，其被命名为中加马门溪龙；在内蒙古的巴音满都呼发现了甲龙群居的化石证据，也发现了窃蛋龙孵蛋的化石证据，洗刷了蒙在它身上的不白之冤；在加拿大艾伯塔省的红鹿河发现了完整的伤齿龙头骨

恐龙档案

中文名：单脊龙
拉丁名：*Monolophosaurus*
分类：蜥臀目、兽脚亚目、坚尾龙类、单脊龙属
模式种：将军单脊龙
时期：侏罗纪中期
地区：中国
身长：5.5 米
体重：475 千克
战斗力：40 分

化石；在北极圈内发现了鸭嘴龙、蛇颈龙和沧龙化石，这是中国科考人员首次进入北极地区。

这次考察的成果曾经在加拿大、日本、新加坡、澳大利亚和中国展出。

董枝明说，这次考察，使中国的技术和研究人员得到了培训和深造，促使中国恐龙科研步入了世界先进行列。

单脊龙便是此次考察活动的成果之一。它发现于新疆准噶尔盆地，由赵喜进和菲利普·柯里共同研究和命名。他二人还共同研究和命名了此次活动发现的另外一种肉食恐龙——董氏中华盗龙，种名是为了致敬参与考察的另外一位中国古生物学家董枝明。

单脊龙的化石是在中国发现的侏罗纪肉食恐龙中最完整的，它最独特的地方是脑袋正中间从前到后有一道大型头冠，类似莫西干头。它的鼻腔高度发达，拥有良好的嗅觉。

恐龙档案

中文名：冰脊龙

拉丁名：*Cryolophosaurus*

分类：蜥臀目、兽脚亚目、坚尾龙类、冰脊龙属

模式种：艾氏冰脊龙

时期：侏罗纪早期

地区：南极洲

身长：6.5 米

体重：465 千克

战斗力：39 分

38 冰脊龙

南极洲位于地球最南端，平均气温零下 25 摄氏度，降水稀少，空气干燥，98% 的土地常年被冰雪覆盖，几乎寸草不生。但它并不总是这样。它也曾经郁郁葱葱长满了各种植物。

按照板块漂移学说，在三叠纪的时候，南极洲仍处于纬度较高的地区，与大洋洲、亚洲的印度、非洲和南美洲连在一起，直到侏罗纪中期才逐渐与其他大陆分开，最终漂移到目前所在的位置。而在和最后一块大陆南美洲分开之前，南极洲依然很温暖，当时岛上覆盖着针叶林和落叶阔叶林。所以，后世才能在南极洲的地下发现极其丰富的煤炭资源。

受此启发，古生物学家也将目标瞄准了这里，他们认为在厚厚的冰川之下，一定隐藏着很多前所未见的秘密。

冰脊龙化石就是由美国古生物学家哈默团队在南极洲海拔 4000 米的高原上挖出来的，是在南极洲发现的第二种恐龙，却是南极洲第一种被命名的恐龙。它的头顶有一个横向的奇怪骨冠，像"猫王"埃尔维斯·普雷斯利高耸的标志性发型，因此也叫猫王龙。这个骨冠无法用于打斗，多半只能用来吸引异性的关注。有人推测，骨冠的颜色可能很鲜艳。

冰脊龙是侏罗纪早期体形最大的肉食恐龙之一。

冰脊龙化石被发现的时候，它的嘴里有几根骨头，疑似植食恐龙的肋骨，哈默认为它死前可能正在食用一头植食恐龙的尸体，不幸被肋骨噎死。后来发现这些肋骨是冰脊龙自己的，可能是在化石形成过程中位置发生了移动。

恐龙档案

中文名：双脊龙

拉丁名：*Dilophosaurus*

分类：蜥臀目、兽脚亚目、双脊龙科、双脊龙属

模式种：魏氏双脊龙

时期：侏罗纪早期

地区：美国

身长：7 米

体重：400 千克

战斗力：38 分

39 双脊龙

在电影《侏罗纪公园》中，双脊龙个子小小的，却是个狠角色，因为它会像眼镜蛇一样喷射毒液，可以导致猎物失明乃至瘫痪。

实际上双脊龙是这样的吗？

电影制作方曾经承认双脊龙是影片中"唯一严重偏离科学准确性的动物""虚构程度最高"。可以确定的是，真实的双脊龙个子至少是电影中的好几倍大。不能确定的是双脊龙到底能不能喷射毒液，这是一件无法证明它存在也无法证明它不存在的事情。

曾经有古生物学家根据中国鸟龙的长牙以及牙后的沟槽推测它能分泌毒液，因为许多现代有毒动物都有类似的长牙，但遭到其他古生物学家的质疑，他们认为很多肉食恐龙都具备这种有沟槽的长牙。这种争论通常不会有确切的结果。

双脊龙的第一个化石标本是 1942 年由美国古生物学家塞缪尔·威尔斯等人在亚利桑那州发现的，虽然化石比较完整，但唯独缺乏最关键的头骨前部分。他根据肢体比例认为这是巨齿龙的一个种，命名为魏氏巨齿龙。在那个年代，巨齿龙是个筐，啥都往里装，很多暂时无法分类的化石都被归类为巨齿龙。

22 年之后，为了确定化石所处的确切地质年代，塞缪尔·威尔斯又回到当初发现该化石的地点，结果在附近发现了一个更完整的标本，头上有两个明显的纵向头冠，于是他将其重新描述，改名为魏氏双脊龙。

这两个骨冠比较脆弱，不能用于打架，只能起到装饰或吸引异性的作用。

双脊龙体态修长轻盈，擅长奔跑。手上有指爪，牙齿细长尖锐，下颌骨很结实，咬合力很大，具备猎杀当时比较大型动物的能力。古生物学家在一具莎拉龙的骨骼上发现了双脊龙的咬痕，附近发现了双脊龙脱落的牙齿，为它的捕食能力提供了化石证据。

古生物学家在双脊龙的化石上发现至少有 8 块骨头骨折或断裂，但均已愈合。这些伤口的愈合需要相当长的时间，在刚受伤的时候它要么挨了很长时间的饿，要么忍着剧痛坚持觅食，直至伤口愈合，随后又存活了相当长的时间，证明双脊龙有着异常顽强的生命力。

恐龙档案

中文名：埃雷拉龙

拉丁名：*Herrerasaurus*

分类：蜥臀目、埃雷拉龙科、埃雷拉龙属

模式种：伊斯基瓜拉斯托埃雷拉龙

时期：三叠纪晚期

地区：阿根廷

身长：6 米

体重：350 千克

战斗力：36 分

40 埃雷拉龙

由于直接和土地打交道，农民这个群体发现恐龙化石的概率比较大。那么，发现恐龙化石会给他们带来什么呢？

有的得到了财富。比如美国蒙大拿州的一位农民在自家农场中发现一副霸王龙骨架、一副三角龙骨架，卖出了相当于2000万元人民币的价格。

有的得到了乌有。比如有位种红薯挖出恐龙化石的农民，关于他的一切，我们一无所知。

有的得到了回忆。比如有老两口在清理水沟的时候发现了恐龙化石，等古生物团队来挖掘等了14年，因为害怕化石被村民当药材偷走，老两口夜夜扎帐篷看守。等化石终于被挖出来的时候，老爷爷已经病逝，只给老奶奶留下了悠长的回忆。

有的让自己名字流传后世。比如阿根廷一位名叫埃雷拉的农民发现了一块恐龙骨骼化石，这种恐龙就以他的名字命名为埃雷拉龙。这几乎是一个只要研究恐龙就必然要提到的名字。

埃雷拉龙生存于三叠纪晚期，是最早的恐龙之一，那时还不是恐龙时代，但它的出现已经拉开了一个伟大时代的序幕，这个时代持续了整整1.6亿年。

它的手上有5根手指，后肢强壮，脚掌很长，擅长奔跑。嘴里有大型锯齿状牙齿，下颌关节很灵活，可以前后移动从而咬紧猎物。它的头骨长而窄，跟后世的恐龙不太一样，更接近比较原始的主龙类。最初有的古生物学家甚至认为它不属于恐龙。

埃雷拉龙以其他中小型动物为食，在被认为属于埃雷拉龙的粪便化石中发现过骨头碎片，它很可能具备消化骨头的能力。

恐龙档案

中文名：恐爪龙
拉丁名：*Deinonychus*
分类：蜥臀目、兽脚亚目、驰龙科、恐爪龙属
模式种：平衡恐爪龙
时期：白垩纪早期
地区：美国
身长：3.5 米
体重：100 千克
战斗力：32 分

41 恐爪龙

恐龙到底是变温动物（即冷血动物）还是恒温动物？

起初，由于与蜥蜴和鳄鱼等爬行动物的相似性，人们普遍认为恐龙属于变温动物。

随着 1859 年美颌龙这种与始祖鸟高度相似的化石的发现，赫（hè）胥（xū）黎等博物学家倾向于认为恐龙是鸟类的祖先。那么，与鸟类相似的这些恐龙多半应该属于恒温动物。

1926 年，丹麦生物学家格哈德·海尔曼出版了《鸟类起源》一书，书中指出恐龙缺乏叉骨，因此不可能是鸟类的祖先，在相当长的时间内为这场争论画上了一个句号。

一直到 1964 年，美国古生物学家约翰·奥斯特伦姆发现了恐爪龙，这种恐龙的骨骼尤其是掌骨与鸟类非常类似，于是再度提起鸟类起源于恐龙的理论，这一次获得了学术界的广泛支持。人们重新探讨恐龙是否属于恒温动物。这次学术风向的改变，被称为"恐龙文艺复兴"。

古生物学家曾经发现一些恐爪龙蛋的化石，其中有一个蛋壳的外表面紧紧连在恐爪龙腹部的肋骨上。科学家推测该恐爪龙可能正在孵蛋，就像现代鸟类一样。由此可知恐爪龙应该是一种恒温动物。

恐爪龙的行为方式与《侏罗纪公园》系列电影中的伶盗龙（迅猛龙）非常相似，因为该电影里伶盗龙的原型正是恐爪龙。

恐爪龙的手很大，有 3 根手指，方便抓住猎物。脚上第二趾爪呈镰刀状，异常锋利，长约 13 厘米，可以刺入猎物身体，然后向下切割，也可以在食用猎物的时候将猎物踩在脚下固定住。

恐爪龙的头骨很坚硬，咬合力很大，跟现代鳄鱼很接近。

科学家在一处体重约 2 吨的腱龙化石周围发现了至少 5 个恐爪龙的个体化石，腱龙肱骨上还有恐爪龙的咬痕。恐爪龙可能是以群体作战的方式猎杀了腱龙，但也可能是在争夺腱龙尸体的时候发生了自相残杀。

恐龙档案

中文名：洛里尼扬诺龙

拉丁名：*Lourinhanosaurus*

分类：蜥臀目、兽脚亚目、虚骨龙类、洛里尼扬诺龙属

模式种：安氏洛里尼扬诺龙

时期：侏罗纪晚期

地区：葡萄牙

身长：4.5 米

体重：160 千克

战斗力：31 分

42 洛里尼扬诺龙

在这篇文章的开头，我们先开个小差，说说大杜鹃——也就是我们通常所说的布谷鸟。

你可能已经知道，布谷鸟自己不孵蛋，它把蛋下到别的鸟巢里，让别的鸟帮它孵。布谷鸟会趁对方外出的间隙跑到对方家里迅速产卵之后又光速消失。它的蛋孵化时间也短，所以布谷鸟宝宝往往比其它鸟宝宝先出生。新生的布谷鸟宝宝天生就有坏心眼，它会把其它未孵化的蛋推出鸟巢破坏掉，好让自己能独享养父养母的喂养。

这就是生物界的巢寄生现象，在鸟类、昆虫和鱼类中都有存在。

古生物学家认为，恐龙界可能也存在这一现象。

洛里尼扬是葡萄牙一座滨海小城，是欧洲白兰地三大产区之一。1982 年在这里发现了一种肉食恐龙化石，被命名为洛里尼扬诺龙。它的大小跟一头家猪差不多。与化石同时出土的还有 32 颗胃石，古生物学家认为这些胃石属于洛里尼扬诺龙本身，而不是它吞食了带有胃石的植食恐龙之后留下的。这样，洛里尼扬诺龙就成为第一种发现有胃石的肉食恐龙。

后来，在发现洛里尼扬诺龙化石不远的海滩上发现了一处巢穴，里面有 100 多枚恐龙蛋化石，其中一些已是胚胎。这些恐龙蛋也被认为是属于洛里尼扬诺龙的。其中还有一些鳄鱼蛋及胚胎化石，有古生物学家认为可能是鳄鱼寄生在洛里尼扬诺龙巢中的。

如果这一假设为真的话，我们可以想象一下其中的一些奇异场景。以鳄鱼如此缓慢的行动，它是如何在恐龙妈妈不知情的情况下，在人家巢穴里产卵的？这位恐龙妈妈离家的时间是不是有点儿太长了？而当它把鳄鱼宝宝孵化出来以后，看到这个大嘴巴怪东西会是怎样的表情？

我们回到布谷鸟，它们有时候会把蛋下到乌鸦巢里，乌鸦即使发现异常，通常也不会把布谷鸟蛋推出去，甚至当布谷鸟宝宝出生之后，乌鸦也会精心喂养它们。因为当乌鸦的天敌对乌鸦发起攻击的时候，布谷鸟宝宝会分泌一种带有恶臭的黑色液体，这种恶臭会让乌鸦的天敌退避三舍。

那么，鳄鱼宝宝是否也会给恐龙宝宝们带来类似的好处，使得洛里尼扬诺龙妈妈心甘情愿孵化并抚养这些大嘴巴怪东西呢？洛里尼扬诺龙当时的天敌确实又多又强大：蛮龙、异特龙和角鼻龙……它们或许对鳄鱼宝宝不感兴趣，因为又硬又不好吃，它们或许以为这一大家子都是鳄鱼宝宝，从而放过这群真正"鱼龙混杂"的小玩意们。

恐龙档案

中文名：理理恩龙

拉丁名：*Liliensternus*

分类：蜥臀目、兽脚亚目、新兽脚类、理理恩龙属

模式种：理氏理理恩龙

时期：三叠纪晚期

地区：德国

身长：5.15 米

体重：127 千克

战斗力：30 分

43 理理恩龙

　　雨果·吕勒·冯·理理恩斯滕是德国贵族兼业余古生物学家，他于 1922 年发现了一种生存于三叠纪晚期的恐龙，为纪念他，德国著名古生物学家许耐将他发现的恐龙命名为理氏敏捷龙。在《植食恐龙防御力排行榜》一书中介绍过，许耐是我国著名古生物学家杨钟健的导师，为了纪念他，杨钟健也曾经将许耐发现的一种恐龙命名为许氏禄丰龙。

　　后来，美国古生物学家、双脊龙的命名者塞缪尔·威尔斯认为敏捷龙本身是个疑名，便将理氏敏捷龙改为理氏理理恩龙，于是出现了恐龙命名史上很罕见的现象：属名和种名同时向发现者致敬。

　　理理恩龙是最古老的恐龙之一。它有长长的尾巴和脖子，前肢很短，手上有 5 根指爪，但第四、五指退化。理理恩龙的个子不算大，但已是当时最彪悍的肉食恐龙之一。

　　有人认为理理恩龙有可能猎杀板龙，国内一些介绍资料甚至对其冠以"板龙的天敌"称号。板龙是地球上第一种巨型恐龙，体重达 4 吨，跟一头非洲象差不多。而理理恩龙体重不到 130 千克，相当于一头母狮大小（为什么要说是母狮？因为我们知道，狮群中执行打猎任务的多是母狮，公狮大部分时间都游手好闲）。在非洲草原上，我们什么时候听说过单个狮子去猎杀成年大象？最饥饿的时候，它们倒是会猎杀大象的幼崽，但也要靠群体作战，单个狮子很难做到。

　　由此我们可以推测，由于体形相差过于悬殊，而且也没有群体围猎的证据，理理恩龙猎杀成年板龙的可能性微乎其微。它们有可能猎杀落单的板龙幼崽，就像非洲大草原上常常发生的狮群捕猎幼象那样。

　　何况，它生存的那个年代还不属于恐龙，遍地都是爬行动物，遍地都是更安全的食材。

恐龙档案

中文名：伤齿龙

拉丁名：*Troodon*

分类：蜥臀目、兽脚亚目、伤齿龙科、伤齿龙属

模式种：美丽伤齿龙

时期：白垩纪晚期

地区：北美洲

身长：2米

体重：60千克

战斗力：26分

44 伤齿龙

伤齿龙最先被发现的是它的牙齿化石，锯齿状的边缘非常尖锐具有杀伤力，因此得到了这个名字。但后来的研究却认为它无法咬开坚硬的东西，可能是一种杂食动物，吃肉的时候也会避免咬到骨头。

1997年，人们曾经发现过一具伤齿龙的骨骼，至少有5颗蛋和它一同被发现，显示这只伤齿龙正在孵蛋。有更多的伤齿龙蛋巢被发现，蛋巢内都没有幼体活动的痕迹，说明伤齿龙宝宝很可能一出生就能自主活动。科学家经过研究发现，伤齿龙妈妈只负责下蛋，负责孵蛋的是伤齿龙爸爸。

伤齿龙四肢修长，奔跑速度很快。它的手相当先进，拇指可以活动，可以帮助抓握东西。第二根脚趾上有大型镰刀状的趾爪，在奔跑的时候可以往上收起来，不会影响行进。伤齿龙有一双大眼睛，具备比其他恐龙更好的深度视觉，甚至具有夜视能力，可以捕杀夜间活动的哺乳动物。

科学家认为伤齿龙跟灵长目和浣熊具备很多共同的特性。

伤齿龙是最后的恐龙之一，在6600万年前那场地球浩劫中与霸王龙一道灭绝。

后来的科学家常常猜想：假如恐龙没有灭绝，那么现在的世界将会怎样？

按照比例而言，伤齿龙的脑容量是恐龙中最大的，这表明它是所有恐龙中最聪明的，据推测它的智商跟现代鸟类（比如乌鸦）差不多。

加拿大古生物学家戴尔·罗素认为，伤齿龙如果演化至今，很可能拥有与人类不相上下的智商，甚至也具备人类的外形，他将这种高度演化的伤齿龙称为"类恐龙人"，简称"恐人"。它们将成为地球的主宰，而我们人类有可能根本就不会存在。

另外有科学家认为，这种演化是完全有可能的，但具备高度智商的伤齿龙仍然会保持其原来的恐龙样貌，而不会变得像人。

恐龙档案

中文名：伶盗龙

拉丁名：*Velociraptor*

分类：蜥臀目、兽脚亚目、驰龙科、伶盗龙属

模式种：蒙古伶盗龙

时期：白垩纪晚期

地区：蒙古国、中国

身长：2.07 米

体重：18 千克

战斗力：21 分

45 伶盗龙

虽然在《侏罗纪公园》系列电影中的伶盗龙形象是基于恐爪龙创造的，但伶盗龙却借此拥有了广泛的知名度，甚至NBA（美国职业篮球联赛）的多伦多猛龙队的名字也是来源于此。

在中国，伶盗龙的另外一个名字迅猛龙更为人熟知，但迅猛龙这个名字其实属于在河北发现的一种美颌龙科恐龙。

和其他驰龙科恐龙一样，伶盗龙身上可能长有羽毛，擅长奔跑。第二脚趾上也有镰刀状的利爪，长约6.5厘米，可以用来刺入猎物的身体或固定猎物。它曾经在一具著名的化石中演示了如何使用这件利器。

在著名的化石标本"搏斗中的恐龙"中，伶盗龙将镰刀型利爪刺入了原角龙的喉咙，而原角龙的嘴则咬住了伶盗龙的右前肢。它们可能因为受伤一同死去，也可能仍在殊死搏斗，但遭遇沙尘暴或沙丘崩塌而被迅速掩埋，最终同归于尽。

科学家推测伶盗龙是一种夜行动物，而原角龙则是无定时活跃性的动物，白天黑夜都处于活动状态，只做短时休息。因此这场搏斗很可能发生在夜间。

在电影中，伶盗龙总是群体行动，集体狩猎。但迄今尚未发现这方面的证据，所有伶盗龙化石都是单个发现的。

在整个驰龙科中，人们曾经分别在植食恐龙的旁边发现过多具犹他盗龙和恐爪龙骨骼，说明它们存在集体狩猎的可能，但也不能排除捕食者陷阱或为争夺食物发生自相残杀的可能性。

在一具伶盗龙头骨化石上发现了两排平行的孔，跟伶盗龙的牙齿结构非常吻合。科学家推测这只伶盗龙很可能因为争夺配偶、领地或猎物和其他伶盗龙发生了激烈的打斗，被对方咬穿了头骨，最终因此死亡，因为这些伤口并没有愈合的迹象。

恐龙档案

中文名：腔骨龙

拉丁名：*Coelophysis*

分类：蜥臀目、兽脚亚目、腔骨龙科、腔骨龙属

模式种：鲍氏腔骨龙

时期：三叠纪晚期

地区：北美洲

身长：3 米

体重：25 千克

战斗力：18 分

46 腔骨龙

1881年，即鲁迅诞生的那一年，腔骨龙化石首次被发现，它四肢骨头是空心的，头部也有大型孔洞。8年后，美国古生物学家、"化石战争"的主角之一柯普将其命名为腔骨龙。

腔骨龙是已知最早的恐龙之一，但晚于始盗龙和埃雷拉龙，它的手上只有4根手指，而且第四指也已经退化。整个身体修长轻盈，善于奔跑，以蜥蜴等小型动物为食。

腔骨龙最早的化石由于保存不善，几乎已经失去作为标本的价值了。

1947年，人们在美国新墨西哥州的幽灵牧场发现了一个大型尸骨层，里面有数百具腔骨龙化石杂乱地堆在一起。专家分析，很可能是一大群腔骨龙在河边饮水的时候，突遇山洪暴发被冲走掩埋，最终形成化石。古生物学家从中提取了很多保存完好的标本，并将其中的一具取代柯普最初的那具作为模式标本。

人们在一具腔骨龙化石的腹部发现了一副小型骨架，最初人们以为是腔骨龙幼体化石，于是得出腔骨龙存在同类相食的结论。同类相食而且吃同类里的幼崽，这个指控有点严重，幸亏后来古生物学家发现那具骨架其实属于小型的伪鳄类——黄昏鳄。

腔骨龙是第二种进入太空的恐龙，也是第一种进入太空的肉食恐龙。1998年，一具腔骨龙头骨化石随奋进号航天飞机飞到和平号太空站，然后返回地球。在此之前，1995年，一些慈母龙的骨骼和蛋壳的化石曾经被送到太空。

恐龙灭绝被认为是由于从外太空飞来的小行星撞击地球引起的。假如这只腔骨龙碰巧在飞到太空的时候复活了，看到浩瀚的宇宙，看到匆匆掠过的小行星，不知会作何感想。

恐龙档案

中文名：恶龙
拉丁名：*Masiakasaurus*
分类：蜥臀目、兽脚亚目、西北阿根廷龙科、恶龙属
模式种：诺氏恶龙
时期：白垩纪晚期
地区：非洲马达加斯加
身长：2米
体重：20千克
战斗力：17分

47 恶龙

　　非洲马达加斯加岛的西北部，烈日当空，由美国和马达加斯加的两所大学组成的一个联合考察队正在这里挖掘化石，大家挥汗如雨，接近虚脱。突然，一位成员用随身携带的音响开始播放英国恐怖海峡乐队的《金钱无用》："……可恶啊，我们每天在这里帮人家装微波炉，替人家装修厨房，还要搬冰箱……"

　　乐队主唱马克·诺弗勒的声音飘荡在旷野，疲倦的人们精神为之一振。后来，在采集化石的漫长时光里，他们播放了大量诺弗勒演唱的音乐，"在音乐响起的时候，我们仿佛发现了更多的骨头。"一位成员这样说。

　　这次考察活动是 7 次马哈赞加盆地考察中的一次。整个考察总共发现了数万件化石。其中一项重要的成果是发现了恶龙的标本。在命名的时候，团队成员一致赞同用诺弗勒的名字命名为诺氏恶龙，以纪念在烈日炙烤下度过的那些苦中作乐的时光。

　　恶龙是一种小型的二足恐龙，脖子和尾巴都很长。后肢很长，速度很快。它最独特的地方是牙齿。它的刀片状后牙和其他大多数肉食恐龙的一样，带有锯齿边缘，可以切割食物。它上下颌的几颗前牙则形状各不相同，以不同角度向前方探出，换句话说，它是一个龅牙，而且上下颌上都是龅牙。

　　这些牙齿锋利，带有弯钩，加上这种独特的龅牙结构，特别适合捕捉小型猎物，比如蜥蜴、蛇、鱼类、昆虫和小型哺乳动物。古生物学家甚至认为这种形状的牙齿也适合啃食水果。

　　科学家研究发现，和其他肉食恐龙相比，恶龙的生长速度非常缓慢，需要 8 到 10 年时间才能完全长大。这可能是由于该地区的干旱气候造成食物获取困难。毕竟，这是一个能饿死拉佩托龙宝宝的地方。

　　人们在一块恶龙的肩胛骨上发现了一个被咬穿的洞，牙印可能来自马达加斯加岛上的顶级掠食者玛君龙。也许这只恶龙生前被玛君龙所捕获；也许，玛君龙在食用它的尸体。无论怎样，玛君龙下嘴还是一如既往地狠。

48 中华丽羽龙

成员整体上个子都很小。

它的身上覆盖着长达 10 厘米的丝状羽毛；头很细长，嘴很尖；手修长，爪很大；腿很长，脚掌更大。它的小腿非常长，长度占了整个后肢的 90%，是一种擅长奔跑、速度很快的恐龙。

中华丽羽龙的化石保存接近完整，腹部还有一根驰龙科恐龙的部分腿骨，包括依然保持连接状态的小腿、足部和趾爪，几乎占满了整个腹部。

那么，在它生前究竟发生了什么？事情大概是这样的：

中华丽羽龙是目前已知体形最大的美颌龙科恐龙，但我们不要对这个"最大"抱有不切实际的幻想，因为美颌龙科的

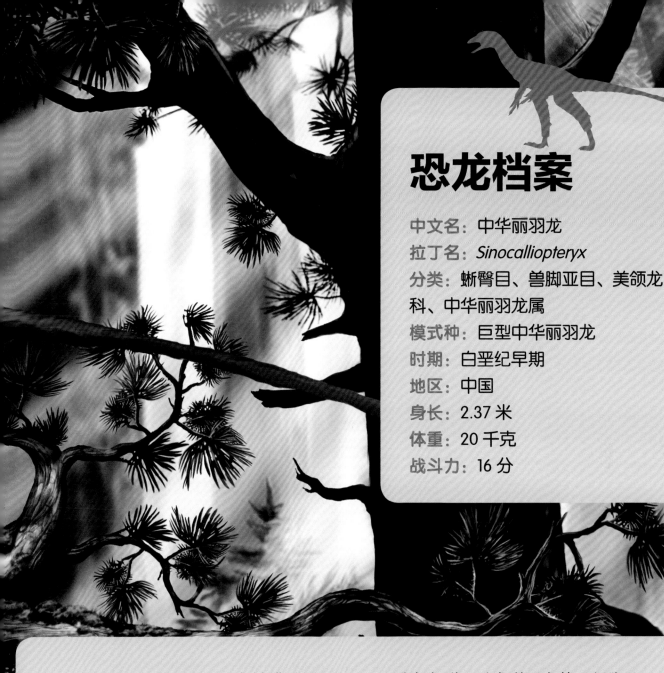

恐龙档案

中文名：中华丽羽龙

拉丁名：*Sinocalliopteryx*

分类：蜥臀目、兽脚亚目、美颌龙科、中华丽羽龙属

模式种：巨型中华丽羽龙

时期：白垩纪早期

地区：中国

身长：2.37 米

体重：20 千克

战斗力：16 分

一只驰龙科的小型恐龙被猎杀了。可能是这只中华丽羽龙干的，也可能是别的中华丽羽龙干的，也可能是它们一起干的。

就像老奶奶喂鸡一样，这只驰龙科恐龙的尸体引发了哄抢，许多中华丽羽龙一拥而上，将猎物的尸体撕扯得四分五裂。这只中华丽羽龙抢到了一截驰龙腿，上面没什么肉，类似于鸡爪，但更多的中华丽羽龙此时闻讯赶来，它们甚至开始抢夺它嘴里的这截驰龙腿，它吓得赶紧一口吞下。

我们知道，驰龙科恐龙第二根脚趾上有很长很锋利的镰刀一样的爪子，这只中华丽羽龙吞下的这截驰龙腿由于太长，被吞下之后，很快撑破了中华丽羽龙的消化道，划破了它的内脏，最终导致它失血死亡。

在生前，为了止痛，这只中华丽羽龙吞下了几颗石子，想让它们帮助消化掉那截驰龙腿，但最终无济于事。它还是死去了。一亿多年以后，人们在它的腹部不仅发现了那截驰龙腿，还发现了4颗不规则的石头，人们称之为"胃石"。

49 嗜鸟龙

眼睛应该大得吓人。脖子很短，它的尾巴很长，占了整个体长的一半。

它的前牙呈圆锥形，后牙呈锯齿状；它的前肢很长很灵活，可以用双手抓紧猎物；相对来说它的后肢比较短，只比前肢长一点点，而且小腿比大腿更短，奔跑速度可能不快。

最初研究它的美国古生物学家、时任美国自然历史博物馆馆长的亨利·奥斯本认为它可能主要猎捕鸟类为食，因此将它命名为嗜鸟龙。古生物艺术家查尔斯·奈特1914年据此创作了一幅著

嗜鸟龙的化石是在 1900 年被发现的，并不完整，至今仍然没有更完整的化石被发现。它的头比较小，眼眶很大，几乎占据了整个头骨的四分之一，生前

恐龙档案

中文名：嗜鸟龙

拉丁名：*Ornitholestes*

分类：蜥臀目、兽脚亚目、手盗龙形态类、嗜鸟龙属

模式种：赫氏嗜鸟龙

时期：侏罗纪晚期

地区：北美洲

身长：2 米

体重：15 千克

战斗力：14 分

名的复原图：一只嗜鸟龙跳起来用双手捉住了一只始祖鸟。

虽然嗜鸟龙和始祖鸟并不是生存在同一地区，但这幅画是如此深入人心，以至于 1940 年迪士尼在它的第三部动画长片《幻想曲》中依然采用了这个画面：一只嗜鸟龙试图偷袭始祖鸟。

奥斯本后来修正了他的观点，他认为嗜鸟龙是从肉食性转化到植食性的过渡性物种，但他的修正显然已经于事无补。其他古生物学家认为它可能捕食小型动物甚至鱼类。由于眼睛巨大，拥有夜视能力，它很可能专门在夜间狩猎。

嗜鸟龙化石的鼻孔附近有一个隆起，古生物研究者、插画家格雷戈里·保罗推测它可能长有一个类似鸡冠的鼻角。电视系列片《与恐龙共舞》中出现了嗜鸟龙，其鼻子上有一个角冠，就是受到这种观点的影响。但其他古生物学家指出，这个隆起只是由于嗜鸟龙头骨破碎变形所致。格雷戈里·保罗虚心接受了对方的观点，在他随后创作的复原图中，嗜鸟龙不再有鼻角。

恐龙档案

中文名：始盗龙

拉丁名：*Eoraptor*

分类：蜥臀目、兽脚亚目、始盗龙属

模式种：月亮谷始盗龙

时期：三叠纪晚期

地区：南美洲

身长：1.7 米

体重：10 千克

战斗力：12 分

50 始盗龙

保罗·塞里诺是一个运气好到吓人的家伙。前面介绍过，他是美国的古生物学家，挖到过鲨齿龙、似鳄龙、帝鳄、野猪鳄、鸭鳄化石，还挖到过大量植食恐龙的化石。这都不算什么，甚至有的化石都不用他去挖，好像是自己从地底下跑出来，蹲在某个他注定要路过的地方等着，仿佛他前世的忠犬八公。

1988 年，他到阿根廷西北部一个叫月亮谷的沙漠去考察，有一天他在饭后散步时意外发现了一块相当完整的埃雷拉龙头骨化石，这是这种恐龙的头骨化石首次被发现，对埃雷拉龙的研究至关重要。

1991 年，他的团队再次来到月亮谷考察，在路边的一堆乱石里，意外地发现了另一个恐龙的头骨化石。它属于一种前所未见的恐龙。他们就地展开挖掘，又挖出了一具非常完整的恐龙骨架，保罗·塞里诺将其命名为始盗龙。在同一地层里，他们还顺便挖出了一具比较完整的埃雷拉龙化石。

始盗龙被认为是最早的恐龙之一，前肢长度只有后肢的一半，每只手都有5指，前 3 指发达且有爪子，第四、五指退化。始盗龙跟埃雷拉龙的特征近似，但体形相对小得多。它的后肢很长，可以快速奔跑。

始盗龙同时具有肉食性和植食性的牙齿，这说明它可能是一种杂食性恐龙。

恐龙通常被分为蜥臀目与鸟臀目两大类，各方面的特征区别都很大。起初，古生物学家认为它们拥有各自的祖先。但随着最古老的恐龙始盗龙和埃雷拉龙被发现，越来越多的人倾向于认为它们拥有共同的祖先。

恐龙档案

中文名：单爪龙

拉丁名：*Mononykus*

分类：蜥臀目、兽脚亚目、阿瓦拉慈龙科、单爪龙属

模式种：鹰嘴单爪龙

时期：白垩纪晚期

地区：蒙古国

身长：1.2 米

体重：3.5 千克

战斗力：9 分

51 单爪龙

单爪龙最初一直被认为是鸟类，它的命名者当初就是这样认为也是这样向世界介绍的。当时它被描述成恐龙向鸟类演化的关键物种，甚至登上了美国《时代》杂志的封面。要知道，在此之前出现在《时代》杂志封面的古生物只有霸王龙。

上述观点的依据是单爪龙的骨骼非常轻盈、掌骨及腕骨都与鸟类相似。有的古生物学家认为它是一种失去飞行能力的鸟类。

而另外的古生物学家则认为单爪龙的很多生理构造更接近恐龙，将它归类于阿瓦拉慈龙科。该科的恐龙都曾经被认为是一种无法飞行的原始鸟类。阿瓦拉慈龙科是由食肉牛龙的发现者阿根廷古生物学家何塞·波拿巴建立的。

和该科其他恐龙一样，单爪龙头部很小很修长；身上可能长有羽毛；后肢很长，擅长奔跑；前肢短而强壮。它的独特之处在于，前肢只有一根手指，其余手指都完全退化了。这一根手指上有长达7.5厘米的指爪。

这根长着指爪的手指能起什么作用还是个谜。有人推测可能是用来挖开白蚁穴，从而吃里面的白蚁，类似现代的食蚁兽。但从单爪龙的外形来看，它似乎不太适应这种捕食方式，因为它后肢过长，前肢过短，整个身体必须蹲伏下来才能将手指插进蚁穴，而靠食用白蚁果腹需要的用餐时间又过长，蹲得太久还容易脚麻，这样势必将自己长时间暴露于危险之中，遇到危险也无法快速逃离。

因此它更可能以蜥蜴或小型哺乳动物为食，手上的利爪可以扎穿猎物的身体。它的眼睛很大，视力很好，很可能具备夜视功能，可以在夜晚出来打猎。

恐龙档案

中文名：美颌龙

拉丁名：*Compsognathus*

分类：蜥臀目、兽脚亚目、美颌龙科、美颌龙属

模式种：长足美颌龙

时期：侏罗纪晚期

地区：欧洲

身长：1.25 米

体重：2.5 千克

战斗力：8 分

52 美颌龙

美颌龙的第一件化石标本于 1859 年在德国被发现，标本相当完整，肚子里还有一个小小的骨骼化石。美国古生物学家马什于 1881 年研究了一下，认为这个小骨骼是美颌龙的胚胎。

恐龙历来被认为是卵生的，因为在发现恐龙化石的同时，也发现了大量各种恐龙蛋的化石。马什的这个结论如果成立，恐龙的繁殖方式将不再是单一的一种，而将变成两种：卵生、胎生（至少也是卵胎生）。

1978 年，美国的古生物学家奥斯特伦姆重新对美颌龙进行了描述，使美颌龙成为当时世界上最知名的小型恐龙。他推翻了马什的结论，确认标本体内相当完整的小小骨骼属于一种蜥蜴：美颌龙抓到蜥蜴之后，直接一口吞下，然后就遭遇不测，这条蜥蜴就是它的最后一顿美食。

美颌龙身形十分细长，有着长长的尾巴，在长达 100 多年的时间里一直被认为是最细小的恐龙，直到后来人们在亚洲发现了众多更小型的恐龙，这个观点才被更新。

它的下颌修长，从某种审美角度看来大概是美丽的，所以被命名为美颌龙。它的眼睛很大，视力很好，动作灵活，奔跑速度比食肉牛龙还快，据推测时速可达 64 千米，是速度最快的肉食恐龙之一。

美颌龙一度被认为是始祖鸟的近亲，著名的博物学家赫胥黎认为美颌龙和始祖鸟的区别只有手臂的比例，以及有无羽毛。事实上，有一些没有羽毛的始祖鸟化石常常被误认为是美颌龙。美颌龙首次引发了赫胥黎关于鸟类起源于恐龙的猜想。

中国辽宁西部地区也出土了一种恐龙化石，它身上长有羽毛，既像恐龙，又像鸟，被认为是介于恐龙与鸟类之间的过渡型动物，发现者于是将其命名为中华龙鸟。后来的研究确认中华龙鸟是恐龙的一种，属于美颌龙科。

53 寐龙

白垩纪早期，在如今的中国辽宁、内蒙古，乃至西伯利亚一带，曾经河流密布，植被茂密，生机勃勃，动物种群在此得到繁殖壮大。

但此处火山相当活跃，不时喷发的火山不断将大量动植物埋葬于地下。亿万年过去，大量的动植物化石得以形成、保存、并被挖掘出来。尤其是辽宁省西部地区成为世界第一大古生物化石聚集地，这就是著名的热河生物群。

由于火山爆发的突然性，热河生物群的很多化石依然保持着动物生前最后的形态，如凌源潜龙的嘴张着，嘴里还叼着一条鱼；秀丽郝氏翼龙的嘴咬着自己的翼骨。

而有一只恐龙则依然保持着睡觉的

恐龙档案

中文名：寐龙
拉丁名：*Mei*
分类：蜥臀目、兽脚亚目、伤齿龙科、寐龙属
模式种：龙寐龙
时期：白垩纪早期
地区：中国
身长：0.53 米
体重：1 千克
战斗力：5 分

姿势。

它的化石是在辽西地区的北票市发现的，标本保存非常完整，一双脚藏在身下，头藏在前肢下面，跟现代鸟类睡觉时将头藏在翅膀下的姿势几乎一样。而这个姿势保持得如此完好，说明它死亡的时候没有经历任何痛苦挣扎。据推测，当时可能遭遇火山爆发，产生的有毒气体先是不知不觉毒死了这只熟睡的恐龙，随后火山灰迅速将它掩埋。

古生物学家将其命名为寐龙。寐，就是睡觉的意思。

寐龙是伤齿龙科的原始成员，外鼻孔比较大，腰带结构类似鸟类。被发现的这只寐龙尚未成年，是迄今为止所发现的最小的肉食恐龙之一，大小跟一只未成年的鸡差不多。

恐龙档案

中文名：小盗龙
拉丁名：*Microraptor*
分类：蜥臀目、兽脚亚目、驰龙科、小盗龙属
模式种：赵氏小盗龙
时期：白垩纪早期
地区：中国
身长：0.77 米
体重：0.5 千克
战斗力：4 分

54 小盗龙

6500万年前的白垩纪末期，地球发生了第五次生物大灭绝，超过四分之三的物种消失，统治地球长达1.6亿年之久的恐龙时代就在最鼎盛的时期戛然而止。

那么，盛极一时的恐龙真的就此全部消亡了吗？为什么一些别的动物得以幸存，而种类如此繁多、数量如此庞大的恐龙则无论大小，一只都不剩？

主流观点认为，有一些恐龙的分支演化成了鸟类，最终在这场大灭绝中幸存下来。按照当今生物学界的观点，现代鸟类其实就是唯一存活的恐龙类群。而本书涉及的所有这些史前恐龙则被称为"非鸟恐龙"——也就是我们通常所说的恐龙。

恐龙演变为鸟类的最重要证据就是在很多恐龙身上发现了长有羽毛的痕迹，比如在辽西的热河生物群就发现了很多种带羽毛的恐龙：中华龙鸟、原始祖鸟、帝龙、中国鸟龙、尾羽龙、北票龙、羽王龙和小盗龙等。

在这些长羽毛的恐龙之中，小盗龙又是最独特的——它长着两对翅膀。

小盗龙是已知最小的恐龙之一，它的四肢和尾巴上都长着10多厘米长的飞羽。这样它就拥有了两对翅膀。古生物学家认为它无法从地面起飞，也不能飞行，但可以从高处往下滑翔。

它的手上长着长长的羽毛，会妨碍它的手部动作，无法用手帮助捕食；而脚上也长着长长的羽毛，会影响它在地面上的活动。因此古生物学家认为它可能是一种树栖动物，可以用滑翔的方式从树上俯冲下来用嘴攻击地面上的猎物。

问题又来了：既然手上、脚上都长着羽毛会影响它在地面上的活动，那应该更影响爬树这个动作，那它是如何爬到树上的呢？

很可能它的后肢具有一定的弹跳力，或者借助4个翅膀的扑腾，可以顺着高低不一的树枝一级一级往上跳，从而上到高处。

小盗龙这种两对翅膀的结构，令人怀疑鸟类最初是否也长着两对翅膀，只是因为行动不便，最终只保留了前面的翅膀，而后面那对翅膀则逐步退化，演变成了现代鸟类的这一双光脚。

人类会像恐龙一样消亡吗

地球一共经历过五次生物大灭绝。

第一次，奥陶纪末期，全球气候变冷，导致 85% 的物种消亡。

第二次，泥盆纪晚期，全球气候变冷，海洋生物遭受毁灭性打击。

第三次，二叠纪末期，全球气候变暖，地球上 96% 的物种消失。

第四次，三叠纪晚期，发生原因不明，爬行动物遭到重创。

第五次，白垩纪晚期，小行星撞地球，75% 的物种消失。

最著名的是第五次生物大灭绝，因为我们熟悉的恐龙在这一次永远地消失了，将地球让给了在它们看来小小的人类。

恐龙统治地球 1.6 亿年，不知道经历了多少世代的更替，从尚不为人知的什么原始恐龙，到始盗龙，到埃雷拉龙，到板龙，到异特龙，到南方巨兽龙，到阿根廷龙，到马普龙，到霸王龙、埃德蒙顿龙和伤齿龙。

任何一个恐龙个体，哪怕是体形巨大如阿根廷龙、凶残无比如霸王龙，对于地球、对于时间都渺小无比，如恒河之沙粒，如空中之尘埃。

恐龙必定不会是一夜之间灭绝的。也许是数年，也许是数十年，也许是数百年，也许是数千年。在以亿万年为单位的地球岁月里，这短短一瞬不值一提。

数年的时间，却足够一个小婴儿从咿呀学语到略识文字。

数十年时间，已经是很多人的整整一生。

数百年时间，人类社会多半已改朝换代。

数千年时间，至今人类文明的全部历史也就这么长。

我们有幸生而为人，有幸降生在人类有史以来最美好的年代，可以了解过往的沧桑，可以领略现世的辉煌，也可以预知未来的方向。

我们的地球，从蛮荒到有生命诞生，到生机勃勃，到几经磨难，然后劫后重生。虽然地球年纪已经很大了，但人类似乎正处在一个鼎盛时期。

所谓盛极而衰，人类可以例外吗？

人类也会像恐龙一样，在某一个时间走向消亡吗？

或者，走到一个相反的方向，更加繁衍壮大，成为更多星球的主宰？

没有人能给出答案。

但对于目前的人类、当下的地球，科学家已经发出警告：危机正在降临。

第六次生物大灭绝正在发生。

据《自然》杂志推测，目前地球上物种灭绝的速度比自然灭绝速度快了1000倍，平均每小时就有一个物种灭绝。世界自然保护联盟（IUCN)发布的《全球物种状况红皮书》中，表明了目前有15589个物种正处在灭绝边缘。50年后，现有的100多万种陆地生物将从地球上消失。

如果这次大灭绝真的发生，预计地球上75%的生命将彻底消亡。

以往五次生物大灭绝都是由于自然因素，无力抗拒。而目前正在发生的这一次，却主要是由于人类活动引起：对大自然的过度开发，以及环境污染。

如果人类不能停止对大自然的过度开发，不能消除环境污染的影响，不能保护生物的多样性，人类必将步恐龙的后尘，走向消亡。

所不同的是，恐龙灭于天灾，而人类则可能毁于人祸。

该说两句正确的废话了。

人类和以往灭绝的生物最大的区别是：人类拥有思想，人类有足够解决问题的头脑。比如人类正在探寻地外的宜居空间。但要避免眼下这一次正在发生的生物大灭绝，靠逃避不行，保护好地球环境，这样人类文明才能够长久。

其实对于环境，最好的保护就是不破坏，因为大自然本身就具备强大的自我调节能力和修复功能。

所以，我们可以做的，就是四个大字：不搞破坏。最好前面再加两个字：永远。

尤其是当你长大，具备了更大的力量足以改变环境的时候，希望到时你能审视自己所做的一切是否对地球造成了破坏，如果是，请记得我们今时今日的约定，对地球手下留情。